城市与建筑学术文库

Mineral Geology
and Ecological Environment

矿产地质与生态环境

李伟新　巫素芳　魏国灵　主编

華中科技大學出版社
http://www.hustp.com
中国·武汉

图书在版编目(CIP)数据

矿产地质与生态环境/李伟新,巫素芳,魏国灵主编.—武汉:华中科技大学出版社,2020.9
(城市与建筑学术文库)
ISBN 978-7-5680-6397-5

Ⅰ.①矿… Ⅱ.①李… ②巫… ③魏… Ⅲ.①矿产地质-关系-生态环境建设-研究-中国 Ⅳ.①P62 ②X321.2

中国版本图书馆 CIP 数据核字(2020)第 143064 号

矿产地质与生态环境 李伟新 巫素芳 魏国灵 主编
Kuangchan Dizhi yu Shengtai Huanjing

策划编辑:周永华
责任编辑:周永华
责任校对:周怡露
封面设计:王 娜
责任监印:徐 露
出版发行:华中科技大学出版社(中国·武汉) 电话:(027)81321913
武汉市东湖新技术开发区华工科技园 邮编:430223
录 排:华中科技大学惠友文印中心
印 刷:广东虎彩云印刷有限公司
开 本:710mm×1000mm 1/16
印 张:13
字 数:210 千字
版 次:2020 年 9 月第 1 版第 1 次印刷
定 价:68.00 元

编 委 会

前　言

矿产资源是人类生存的物质基础，是人类共同的财富，而环境是人类生存和发展的基本前提。在矿产资源开发的过程中必须重视环境保护。矿产资源开发利用对环境的影响主要表现在以下方面。

第一，矿产资源开发利用活动对自然环境的影响存在较强的滞后效应，前期的污染对当期的环境有较为明显的影响。环境污染的历史不可忽视，其滞留作用是各地区治理环境污染、改善环境质量的重要阻碍。控制矿产资源开发利用所导致的环境影响，必须以地域空间的环境承载能力、稀释自净能力为依据，治理政策需要具有长期性和针对性，这是实施环境管理的内在要求。

第二，不同种类矿产资源的开发利用活动对环境的影响各不相同。能源矿产开发利用对环境的影响最为突出，金属矿产次之，非金属矿产开发利用对环境的影响相对较小。现阶段，必须重点关注能源矿产的开发利用方式，将环境保护纳入能源矿产的发展规划。当前，以煤炭等为主的能源结构难以从根本上得到转变，要降低能源矿产开发利用的环境影响，关键在于促进煤炭等能源资源开采、转化与终端消费等环节的清洁化，并以促使煤炭清洁化利用为契机，构建现代能源产业体系。

在矿产资源开发利用形成环境影响的过程中，产业结构、技术水平和政府管理等因素都起到了较为明显的作用。合理的产业结构对环境具有正向作用，必须依靠产业结构升级，转变产业发展的资源利用方式与环境干预模式。技术进步在控制环境污染中已经产生积极效果。进一步挖掘技术潜力，加强技术创新，是推进环境治理的重要手段。政府管理在环境保护中起到了积极的引导作用。激励地方政府在开发利用矿产资源的同时重视环境保护，执行更加务实的减排措施，是有效控制矿产资源开发利用对环境造成影响的战略需要。

在不同区域环境影响因素的比较中可以发现，中国东部地区在矿产资源开发利用中，产业结构、技术水平和政府管理这三种因素所发挥的积极作用均超过中部和西部地区。在推进区域发展的背景下，东、中、西部各地区要把握当地在矿产资源开发利用、生态环境保护、社会经济发展等方面具有的特征和优势，加强区域协作，增进优势互补，因地制宜、因时制宜构建有利于资源节约和环境友好的生产体系，建立起适应生态文明建设的资源环境技术经济创新系统。

近几年，我国陆续开展了许多针对矿山的环境治理项目。通过矿区地质环境保护工作有效地解决人与地之间的矛盾，并且为当地剩余劳动力提供了再就业机会，促进了当地经济的持续发展，绿化水平得到提高，降低了水土流失和地质灾害的发生频率，使矿区的生态环境得到了改善。

基于此背景，笔者编写了本书。全书一共分为七章，内容涉及矿产资源与环境伦理、矿产资源开发与生态环境、矿产地质工作中存在的问题分析、矿产地质工作问题的应对措施、矿产地质工作与生态文明建设、生态文明视角下地质灾害防治工作探究、生态创新视角下矿产资源密集型区域的可持续发展。笔者强调矿产资源开发利用须以环境保护为前提，充分发挥矿产资源优势，保护矿山环境的同时稳定矿山的生产。同时对矿产资源开发利用引发的一系列环境问题进行剖析，并对如何兼顾经济效益、社会效益、生态效益进行重点探讨。

目　　录

第1章　矿产资源与环境伦理

矿产资源是人类生产资料和生活资料的基本来源之一，也是人类社会生产最初始的劳动对象之一。矿产资源的开发利用为人类社会的发展提供了动力。从石器时代到青铜时代，再到铁器时代，从木柴到煤、石油、原子能的利用，人类社会生产力的每一次巨大进步都伴随着矿产资源利用水平的巨大飞跃。

1.1　矿产资源概述

一、矿产资源及其特点

矿产资源是指天然赋存于地壳内部或地表，由地质作用形成的，呈固态、液态或气态的，具有经济价值或潜在经济价值的富集物。从地质研究角度来说，矿产资源不仅包括已发现的并经勘查工程查明储量的矿床，还包括目前虽然未发现，但经预测（或推断）可能存在的矿物质，即矿产资源不仅包括在当前技术经济条件下可以利用的矿物质，还包括因技术进步和经济发展在可预见的将来能够利用的矿物质。

同其他自然资源相比，矿产资源有其显著特点，具体如下。

(1) 矿产资源具有不可再生性。矿产资源是在几十亿年的漫长历史过程中，经过各种地质作用形成的，一旦被开采利用则难以再生。地壳上优质易采的矿产资源总是愈来愈少。也就是说，在一定的技术经济水平条件下，有经济价值的矿产是有限的。例如，地下水作为矿产资源的一种类型，虽然在某种程度上可以再生，但不是用之不竭的，尤其是深层地下水资源的恢复需要相当长的地质历史时期。

(2) 矿产资源分布具有不均衡性。各地质历史时期的成矿活动差异极大,加之成矿物质在地壳内的分布本来就不均一,以及成矿地质条件的制约,使得矿产资源分布的不均衡性十分突出。例如,在主要金属矿产中,10余种金属矿产储量的3/4集中在5个国家。有的矿产高度集中在一些国家或地区。如南非有5种矿产的储量占世界总储量的1/2以上;中国的钨、锑储量亦超过世界总量的1/2,中国的稀土资源占世界总储量的90%以上;石油则主要集中在海湾国家。

(3) 矿产资源的概念具有变动性。在自然界,矿产资源以各种形态的地质体(通常称为矿床或矿体)形式存在,只有在技术经济条件合适的情况下,矿床才能被开发利用,否则得不偿失。换句话说,矿床是一个地球科学概念,也是一个技术经济概念。随着技术经济条件的变化,矿床的概念也会发生变化。科学技术总是不断进步的,社会经济也是不断向前发展的,因此,很多原来被认为不是矿床的地质体逐渐成为可供人类开发利用的矿床。矿产资源的这一特点还进一步导致了矿产资源在数量上的不确定性。界定矿床的各类技术经济标准在不断变化,使矿产资源在数量上总是处在动态变化之中。

(4) 矿产资源赋存状态具有复杂性和多样性。矿产资源只有少部分出露在地表,绝大部分隐藏在地下,矿床的形态、产状及与围岩的关系等赋存因素千变万化,不是任何简单的模式可以概括的。寻找、探明矿床需要进行大量的地质调查和矿床勘探工作。开采过程中,也经常因对尚未揭露部分的矿体了解不够而遇到意想不到的情况,探矿采矿工作具有很大的风险性。此外,随着生产的不断发展,采矿速度的加快,近地表的矿产资源日益减少,找矿任务日益艰巨,开采、冶炼的条件日益困难和复杂。

(5) 矿产资源具有多组分共生的特点。矿产资源是由矿物和岩石等组成的,主要以矿床的形式存在于地壳之中。由于不少成矿元素的化学性质存在近似性和地壳构造运动、成矿活动的复杂多期性,自然界单一组分的矿床很少,绝大多数矿床具有多种可利用组分共生和伴生的特点。此外,同一地质体或同一地质建造内,也可能蕴藏着两种或更多的矿体。

我国地壳运动频繁,新老成矿作用多次叠加,矿床的组分复杂多样,共生、伴生矿产多的特点突出。因此,在矿产勘查中,必须注意综合找矿、综合

评价；在开发利用中，必须强调综合开发、综合利用。

二、矿产资源的分类

矿产资源通常分为能源矿产、金属矿产和非金属矿产三大类。亚类的划分，金属矿产一般按可提炼的金属及其特性分类，分为黑色金属、有色金属、贵金属及稀有、稀土和稀散金属等；非金属矿产分类方法较多，有的按矿物和有用岩石进行分类，有的按矿产的用途进行分类，也有的按以上两种特征联合分类。

为适应建设的需要，我国矿产资源的分类以能源、金属、非金属为基础，并将地下水作为矿产资源单划一类。

1.2　我国矿产资源概况

一、我国矿产资源的种类及重要矿产资源的分布

（一）我国矿产资源禀赋与种类

矿产能否在一个地区形成、形成多少与质量优劣均与该地区成矿地质条件的好坏直接相关。我国位于亚洲的东部、太平洋的西岸，疆域辽阔，山川交错纵横，盆地、沼泽、湖泊星罗棋布；高山峻岭遍布西部地区，东部地区则以平原、丘陵地形为主，自西向东呈三级阶梯状分布。复杂多样的地质地貌特点和广阔的疆土为我国矿产资源的赋存提供了优越的条件。在我国广袤的土地上，各个断带地层发育齐全；我国大地经历了广泛而又剧烈的岩浆活动，形成了多种岩浆岩；我国处于欧亚板块、太平洋板块、印度洋板块的交界处，并受这几种不同大地构造单元的影响，为形成多样性的矿产创造了良好的地质构造条件。正是受上述因素的共同影响与作用，我国才成为一个矿产资源大国。

我国是世界上为数不多的矿产资源种类齐全、储量丰富、分布集中的国家之一。矿产资源的多样性和丰富性，为我国的工业化、城镇化建设提供良

好的保障。

(二) 我国重要矿产资源的分布

我国矿产资源分布区域广泛,又相对集中,地理分布不均衡。能源矿产主要分布在北方,如煤主要分布在华北和西北,石油、天然气主要分布在东北、华北和西北。有色金属矿产则主要分布在南方一带,如铜主要分布在西南、西北、华东。铅、锌矿遍布全国。钨、锡、钼、稀土矿主要分布在华南、华北。金银矿分布在全国各地,台湾也有重要产地。磷矿以华南为主产地。

(1) 煤炭。我国煤炭资源的分布格局是北多南少、中西部多东部少。

(2) 石油、天然气。我国石油资源分布不均,主要分布在松辽、渤海湾、塔里木及准噶尔四大盆地,我国近海海域的几个沉积盆地也富含石油。我国天然气资源分布不均,主要分布在四川、鄂尔多斯、塔里木、准噶尔、吐哈、柴达木、松辽、莺歌海、琼东南、东海等地。

(3) 铁、锰、铬和钛矿。我国铁矿主要分布于辽宁、河北、四川、山西、安徽、云南、内蒙古、山东、湖北等省(自治区)。锰矿的地理分布特点是南多北少。大型锰矿集中在广西、云南、湖南、贵州、四川等省(自治区)内,北方仅有辽宁瓦房子锰矿储量较大。铬矿集中在西藏、内蒙古、新疆、甘肃。钛矿资源丰富,主要分布在四川和河北。

(4) 铜矿。我国铜矿资源分布比较分散。铜矿储量较多的省(自治区)分别是江西、西藏、云南、甘肃、安徽、内蒙古、山西、黑龙江、湖北、新疆。

(5) 铝土矿。我国铝土矿主要集中在山西、贵州、河南和广西。铝土矿储量较多的还有河北、山东、重庆、云南等地。

(6) 铅锌矿。我国拥有丰富的铅锌矿资源,其探明的保有储量居世界前列。主要产地有云南、湖南、广东、广西、内蒙古、江西、甘肃、陕西、四川等。

(7) 镍矿。镍矿主要集中在甘肃,新疆、云南、吉林、湖北、四川、陕西、青海等省(自治区)也有分布。

(8) 钴矿。钴矿分布较为广泛,其中储量最多的是甘肃。其他储量较多的省(自治区)依次为山东、云南、河北、青海、山西、新疆、四川、西藏、安徽、湖北和海南。

(9) 钨矿。钨矿分布广泛,湖南储量较大,其他储量较多的省(自治区)

依次为江西、河南、广西、福建、广东、甘肃、云南、黑龙江、内蒙古。其余地区储量很少。

(10) 锡矿。锡矿分布于全国十多个省、自治区，且广西、云南、广东、湖南、内蒙古、江西等地储量较大。

(11) 钼矿。除宁夏和天津之外，全国其他地区均有分布。其中河南、陕西、吉林、山东、河北、江西、辽宁、内蒙古地区储量较大。

(12) 锑矿。矿区遍布于18个省(自治区)，主要分布于广西、湖南、云南、贵州、甘肃等地。我国锑矿以大型锑矿床居多，以矿石质量好而著称。

(13) 金矿。我国金矿分布广泛，以山东、河南、陕西、贵州、河北、云南、湖北、吉林等地储量较多。砂金保有储量以四川最多，之后依次为黑龙江、陕西、内蒙古、江西、甘肃等地。伴生金矿主要分布于江西、湖北、甘肃、黑龙江和湖南等地。

(14) 银矿。我国银矿保有储量较多的是江西、云南、广东、内蒙古、广西、湖北、甘肃等地。

(15) 硫矿。我国硫资源有自然硫、硫铁矿和伴生硫三种形式。自然硫主要分布在山东。硫铁矿分布面较广，主要分布在四川、广东、安徽、内蒙古、贵州、云南、山东、河南等地。伴生硫主要分布在江西、吉林、青海、陕西、甘肃、安徽、云南、广东等地。

(16) 磷矿。我国磷矿资源丰富。全国特大型磷矿产地集中于四川、云南、湖南、湖北、贵州等地。

(17) 钾盐矿。我国钾盐矿以现代盐湖钾盐矿为主，青海柴达木盆地及新疆、甘肃等省(自治区)的钾盐矿均属此类型；云南、山东的钾盐矿为古代沉积矿床；四川自贡的钾盐矿为地下卤水钾盐矿，数量极少。

(18) 硼、菱镁矿。硼矿主要分布在辽宁和青海，其次为湖北、西藏、吉林等地。菱镁矿是我国的优势矿种，我国的储量、产量和出口量均居世界第一，主要分布在辽宁、山东、西藏、甘肃、新疆、河北等省(自治区)。

(19) 稀土矿。我国稀土矿储量分布尤为集中(主要是轻稀土)，高度集中在内蒙古地区，并在东北、华北、西北、华东、中南、西南六大区均有分布。轻稀土、重稀土储量在地理分布上呈现北轻南重的特点，即轻稀土主要分布在北方地区，重稀土主要分布在南方地区。

二、我国矿产资源的特点

（一）总量丰富，矿种齐全，人均不足

中国是世界上为数不多的矿产资源总量丰富、矿种比较齐全、配套程度较高的国家之一。但我国人口基数大，矿产资源人均探明储量占世界平均水平的58%，部分矿产储量更是严重不足。

（二）支柱性矿产品位偏低，贫矿、难选矿多，而富矿偏少

我国部分用量不大的矿产具有较强竞争力，如稀土、钨、锡、钼、菱镁、萤石、重晶石、膨润土、石墨、滑石、芒硝、石膏等矿产，不仅已探明储量可观，人均占有量居于世界前列，而且资源质量高，开发利用条件好，在国际市场具有明显的优势。但是，一些关系到国计民生的、用量大的支柱性矿产，如石油、天然气、铀、铁、锰、铬、铜、铝土、金、银、硫、钾盐等矿产，它们的保有储量在世界上所占的比例较低，并且大矿、富矿很少，中小矿、贫矿比较多，开采难度大、成本高。如国内的铁矿，以贫矿和共生伴生矿居多，平均品位低于世界平均水平，到目前为止尚未发现特大型的富铁矿。相比之下，巴西、澳大利亚和印度等国的铁矿石平均品位远远高于中国。

（三）单一矿种矿少、共生伴生矿多

中国共有80多种矿产是以共生、伴生的形式赋存的。在有色金属中，80%以上为共生、伴生矿石，矿石结构复杂，选炼难度大。钒、钛、稀土等大部分矿产伴生在其他矿产中，1/3的铁矿和1/4的铜矿是多组分矿。

（四）区域分布广泛，相对集中

在我国，能源矿产主要分布在北方，其中90%的煤炭集中分布在山西、陕西、内蒙古、新疆等地，总体上北富南贫、西多东少。而铁矿主要分布在辽宁、河北和四川等地区，铜矿则主要集中在江西、西藏、云南、甘肃等地。产业布局与能源及其他重要矿产在空间上的不匹配，加大了资源开发利用的难度。

三、我国矿产资源综合利用现状

党中央及各级政府机构不断号召资源节约与综合利用，尤其是重要矿产资源。在政策的指引下，我国资源综合利用水平不断增强，资源开发技术、装备水平也有很大的提升。

（一）共生伴生矿产资源综合利用状况

我国共生伴生矿产资源丰富，在探明的矿产储量中，共生伴生矿床比重占 75%左右，在已经得到开发利用的 139 种矿产资源中，有 87 种矿产资源部分或者全部来源于共生伴生矿，占总数的 62.6%左右。伴随政策的引导和技术进步的推进，我国的共生伴生矿产资源利用情况得到改善，但是与部分发达国家相比，综合利用水平还存在较大差距。

（二）低品位、难选矿产资源综合利用状况

我国难选矿多、易选矿少，导致在矿产开发中产生选矿难度大、成本高、效率低等问题。我国铁矿石资源极为丰富，但 95%以上都为贫矿，平均品位只有 33%，如鄂西高磷铁矿，已查明资源储量超过 20 亿吨，但铁、磷分离困难。在多年的努力下，我国低品位铁矿石的利用水平已经获得较大的提高。又如，我国铝土矿以一水硬铝石型居多，铝硅比很低，但铝土矿综合利用潜力非常大。同时，我国中低品位铜矿在综合利用方面，取得了范围广泛、利用效果较好的成就，铜矿无论是开采回收率还是选矿回收率都是比较高的。

（三）矿山固体废弃物综合利用状况

我国在开采矿产资源的过程中，由于技术限制和人为浪费，导致遗留在矿产资源废弃物中的有用矿物含量较高。例如，在日本粉煤灰已基本上被全部利用，我国目前粉煤灰利用率仅为 21%左右，相比之下我国在这方面仍有很大的提升空间。

四、我国矿产资源开发利用技术现状

工业的发展对矿产资源有很强的依赖性，工业发展程度越高，对矿产资源的需求量越大，重要矿产资源开发的效率和质量直接对我国经济的发展

速度产生影响，这就对我国的矿产资源开发技术提出了更高的要求，我们必须寻求高效、安全、低成本的开采方法和技术，推进我国矿产产业朝着标准化、专业化的方向发展。

随着科学技术的日趋进步以及扶持政策的不断完善，我国矿产资源综合开发利用技术、设备都取得了新的进步。矿业工作者在我国矿业发展过程中也积累了大量的经验，由此产生了一大批先进的矿产资源开发利用技术。

为提高资源节约集约利用水平，加快转变矿业发展方式，原国土资源部印发了《关于推广先进适用技术提高矿产资源节约与综合利用水平的通知》（国土资发〔2012〕154号），建立了矿产资源节约与综合利用先进适用技术推广目录制度，连续发布了6批334项先进适用技术，在引导和鼓励矿产企业推广应用先进适用技术、加快技术改造、推进企业转型升级等方面取得了积极成效。

在油气开采中评选出了一批能够代表国内矿产资源综合利用水平的技术，并且正在逐步向全国推介，包括特超稠油藏有效开发动用技术、致密砂岩气藏冻胶阀欠平衡完井技术、砾岩油藏提高采收率技术、特高含水油藏二元复合驱大幅度提高采收率技术、稠油或堵塞油层层内自生热解堵技术、深层低渗低品位储层改造开采技术、特低渗透油藏二氧化碳驱大幅度提高采收率技术、底水油藏化学与机械联合堵水技术、特低渗透油藏数字化集成技术和油页岩综合利用集成技术等。

在煤炭行业践行了绿色开采的新模式。如"以矸换煤"，实现"矸石不升井、矸石山搬下井"，提高了煤炭开采回采率，减少矸石占地和地面塌陷的问题，并大力推广露井联合开采技术、无煤柱开采技术、一次采全高的综合机械化技术等。

在黑色金属矿产资源开发利用方面，我国正在面向全国推广使用磁铁矿精选作业的磁筛等高效利用技术，含稀土复合矿和钒钛磁铁矿综合利用技术，低品位、表外矿、复杂共生伴生黑色金属矿产资源综合利用技术；推进尾矿再选技术；研发低品位硫铁矿选矿富集技术；研发尾矿干堆技术和尾矿高效浓缩工艺及设备。

在有色金属矿产资源利用技术方面，投入资源开展高效开发技术和大型采、选、冶技术装备的研究和开发工作，成功研究开发出一批重大的新工艺、新技术，并应用于矿产开采及加工生产，获得了巨大的经济效益。

为使非金属矿产得到高效的采选以提高综合开发利用水平，在稀土等矿产资源开发利用方面，使用电解工艺开发稀土镁中间合金技术，以利于综合利用稀土尾矿。对于磷矿，磷石膏充填无废高效开采技术、磷矿伴生氟资源综合利用技术等的研发和应用，大大提高了磷矿利用率，提高了资源开发利用效益。

五、我国矿产资源开发利用的法律和法规现状

矿产资源开发利用方面的法律体系是我国自然资源法律体系的重要组成部分，涉及我国领土及管辖海域内矿产资源管理、勘查、开发利用、保护等方面的法律规范。1951年，我国颁布了《中华人民共和国矿业暂行条例》，规定了“全国矿藏，均为国有，如无须公营或划作国家保留区时，准许并鼓励私人经营”的原则。然而在那个时候，与矿产资源开发相关的法律制度却是一片空白。随着1986年《中华人民共和国民法通则》和《中华人民共和国矿产资源法》及之后一系列相关法律法规的出台，才初步建立起矿产资源法律体系。20世纪末，我国工业化进入加速发展时期，矿产资源的开发也迎来了空前的大发展。为了合理地开发和利用我国有限的矿产资源，国家颁布了一系列管理条例和法律法规，如《核工业部关于放射性矿产资源监督管理暂行办法》(1987年)、《中外合作开采陆上石油资源缴纳矿区使用费暂行规定》(1990年)、《中华人民共和国矿产资源法实施细则》(1994年)、《中华人民共和国煤炭法》(1996年)、《矿产资源开采登记管理办法》(1998年)、《探矿权采矿权转让管理办法》(1998年)等。

为了让企业自觉、积极贯彻“资源高效利用、节能环保”的理念，国家相关部门结合技术进步发布了《资源综合利用企业所得税优惠目录》，使企业在资源综合利用的税收等方面享受政策的优待。为支持矿产企业提高矿产资源回采率、选矿回收率和综合利用率，2010年，国家发展和改革委员会联合科学技术部等部门共同颁发了《中国资源综合利用技术政策大纲》，国土

资源部印发了《矿产资源节约与综合利用鼓励、限制和淘汰技术目录》等;同时,财政部与国土资源部联合出台了《矿产资源节约与综合利用专项资金管理办法》,根据规定,专项资金主要用于奖励矿产企业提高"三率"以及实施矿产资源领域循环经济发展示范工程。在鼓励企业革新技术、推进清洁生产方面,国家先后颁布了《中华人民共和国清洁生产促进法》(2002年)、《再生资源回收管理办法》(2007年)、《中华人民共和国循环经济促进法》(2009年)等法律法规,致力于严格控制资源浪费,构建资源节约型社会。至此,我国初步形成了资源节约、清洁生产开发的法规政策体系,根据产业发展和技术进步情况不断修订,并出台新的法规。

1.3 矿产资源开采的环境伦理

一、环境伦理的内涵

随着环境问题日益严重,人类生存受到威胁,人类开始对自身行为进行反思。正确认识人与自然的关系,协调处理人地关系,对环境伦理进行研究十分必要。

(一) 环境伦理的界定

伦理一般指处理人与人之间关系的道理和规则。它既包括处理人与人之间关系的应然之理,又包括处理人与人之间关系时理当遵照的道德原则和规范。随着人们对环境问题的认知加深,出现了环境伦理,它也是伦理的一部分。目前学术界对环境伦理的界定主要有两种观点。一种是关系说,认为环境伦理应该把关注对象确立为人与自然环境,这就显现了其与传统认知中的人际伦理的本质差异。但它的缺陷是过于强调人与自然环境之间的关系,忽略了环境伦理的重点是如何用规范和原则来调节这二者之间的关系。另一种是义务说,认为环境伦理研究的是行为的规范和态度,涉及人们如何对待植物、动物、生态系统、自然资源等各种事物。此观点割裂了人对人、人对自然的义务的整体性,也是片面的。人与自然环境的关系不能离

开人与人的关系，二者是密切关联的。据此，笔者认为，环境伦理是伦理学研究的新领域，它是一门研究生态环境领域中各种道德现象和协调处理人与自然关系的科学。人与自然的关系是环境伦理关注的焦点，但不能把人与人之间的关系排除在外。环境伦理是对人类的伦理关怀和道德视野进行扩展，对传统伦理道德进行升华，以环境价值观为基础，以自然环境为媒介，当人与自然环境二者发生直接关系时，人类应当遵守的环境伦理原则和环境道德行为规范。

（二）环境伦理研究的核心问题

环境污染严重影响了人类的身体健康，破坏了生物的栖息地，甚至导致物种灭绝，从而使地球维持生命的能力降低，极度威胁地球生命的生存。自然环境对人类有着巨大的价值，人类与自然是相互联系、相互依存、相互渗透的。环境伦理研究的核心问题是人与自然的关系问题。当前有关人与自然关系问题的观点基本分为两种，一是人类中心主义，二是非人类中心主义。

人类中心主义的核心观点如下。第一，理性给了人特权，使人能把非理性存在物当作其实现目的的工具。这种观点认为，人是高级存在物，因而人的一切需求均是合理的，为了满足自己的需求，对任何自然存在物进行毁灭都是可以的，只要不对他人利益造成损害就可以。第二，人是价值的源泉，除人以外的其他自然存在物是没有价值的。只有人具有价值，其他存在物只有在满足人类需要时才具有工具价值，自然存在物不具有客观的价值。第三，道德规范只适用于人，它是调节人与人之间关系的行为准则，只关注人的利益。道德规范最理想的状况是这样的：它能在目前或将来提升作为个人之集合的人类群体的福利，有助于社会的和谐发展，同时又能给个人提供最大限度的自由，使个人的需要得到满足，使其自我价值得到实现。人类伦理体系的成员不包括自然存在物，道德只和人类这样的理性存在物有关系。获得道德权利的基础是拥有道德自律能力，非人类存在物因为不具备道德自律能力，所以不能享有道德权利。

非人类中心主义的主张如下。第一，非人类存在物本身具有价值，这种价值不依赖于人而单独存在，能够作为道德主体。道德共同体也涉及动物、植物、无生命物的非人类存在物，自然存在物和人一样具有道德权利，因此，人类也需要对自然存在物承担相应的道德义务。非人类存在物和人类可能在主体性的程度上有所不同，因而，所拥有的道德权利和义务也有所不同。权利和义务是对等的，拥有多少权利就要承担多少义务。如果人类享有了最高的道德权利，相应的，人类就要承担最多的道德义务。第二，人类是整个自然环境系统中的一部分，应与自然中的其他成员平等相处。人类保护生态环境，不只是为了自身的福利或利益，也是在尽自身对环境的道德义务，尊重自然环境中的其他成员拥有的权利、价值、利益。第三，人类亟需进行一场道德革命，来彻底突破人类中心主义观点，建立新的人与自然的道德关系，对道德共同体进行扩大，把仅对人的道德关怀扩展到包括人在内的所有自然存在物。根据道德的关怀对象差异，非人类中心主义又包括生物中心主义、生态中心主义和动物解放论等观点。

对于人与自然的关系，人类中心主义与非人类中心主义观点在不断碰撞，现在，有的学者开始尝试超越二者，寻求新的途径协调人与自然的关系。

（三）环境伦理的价值取向

1. 尊重自然

人类是自然界的一部分，自然界的各个部分是紧密联系的，人类的命运与自然界的命运是息息相关的，人类依赖自然界而存在。人类伤害、不尊重自然界其实就是在伤害自己、不尊重自己。尊重自然，即人类应当爱护自然环境并尊重自然规律，与自然和谐相处。应该由尊重生命扩展到尊重自然，坚持人与自然和谐统一的整体价值观，坚持尊重自然的价值观。

2. 追求环境正义

权利与义务的对等、平衡就是正义，它要求人们在享受权利的同时也要履行相应的义务。比如在某一种社会制度下，一些人在履行了相应的义务的同时又获得了他们应该得到的报酬，我们可以说这种社会制度是正义的。环境正义价值观，就是要在处理人与人、人与自然的关系时体现正义。环境正义从形式上分为两种，第一种是分配的环境正义，第二种是参与的环境正义。分配的环境正义是指和环境相关的收益、成本平等平衡分配，我们理应同等地享受公共环境给人类带来的益处，同时也应一起面对经济发展给环

境带来的危害。对环境造成破坏的个人或集体,须为污染治理提供资金支持,同时也要对那些遭受环境污染危害的人进行合理的补偿。参与的环境正义是指个人或集体享有平等的机会直接或间接地拟定与环境相关的法律法规。应当充分发挥制度的优势,从而使个人或集体的利益得到实现,其思想观点能够得到充分的表达,进而保证分配正义程序的顺利实施。

3. 主张代际平等

代际平等是人人平等的延伸,是当代人与子孙后代之间的平等。当代人与子孙后代平等地享有生存的基本权利。当代人应当加强对子孙后代负责的自律意识,培养对后代人的责任感。因为后代人无法阻止前代人产生废弃物、毁坏环境,也不能阻止前代人对自然资源的消耗,因此当代人应该关心子孙后代,把自己与后代人的发展联系在一起,给他们留下一个优良的生存空间,并将此作为一项基本义务。

4. 保护可持续性

可持续性指的是各个要素的可持续性,包括自然、人类社会、经济等要素。可持续性要求人类与自然界的关系是持续的、同伴的关系。自然界中的资源是有限的,人类不能无限制地使用。自然界是人类生存的家园,但是,这个家园如今已遭到人类的破坏,并严重威胁人类的生存。为了改变现状,实现全面可持续发展,保证自然界的可持续性至关重要。人类的生产、生活方式应改变,用道德来规范和约束自身的行为,把自身的发展控制在自然界的承载范畴之内,调和与自然界的关系,实现良性循环发展,从而保证自然可以提供人类发展所需的资源与环境。同时要提高自然生态系统的承载能力,为后代人的发展留下足够的资源与良好的环境,最后实现人类的全面、协调、可持续发展。

二、目前我国矿产资源开采面临的环境伦理问题

(一) 我国矿产资源开采面临的环境伦理困境

1. 矿产资源开采与生态环境保护的矛盾

一方面,人类在开采矿产资源时,会破坏原始的生态环境,同时伴有大

量废弃物产生，污染了生态环境，引发一系列有害后果；另一方面，开采矿产资源，发展矿产经济，可以为环境治理提供资金支持，推动了生态环境的改善。矿产资源开采与生态环境保护存在着矛盾。

在矿产开采过程中，干扰了自然环境，破坏了自然生态系统，这是矿产行业普遍存在的严重问题。开采利用矿产资源，需要占用土地，开山整地，建造厂房，构筑交通网，尤其是露天采矿，要大量占用土地，剥离地表覆盖层，排放大量废矿石。矿区的生态平衡因土地破坏而受到了影响。土地被破坏，土壤、土壤上的植物以及土壤里的微生物也一起受到影响，生态环境失去了稳定性，进而引发水土流失、泥石流、滑坡等一系列灾害事故。被破坏的地表、尾矿池、废石堆也会引发土壤污染、水体污染、大气污染。

矿产开采方式分两种：一是露天开采，二是地下开采。二者相比较，露天开采的优点要多一些，如开采效率高、经济效益高、安全、操作灵敏、适合大规模开采等。我国重点金属矿山约有 90％采用露天开采，每年剥离岩土约 2.2×10^8～2.6×10^8 t，露天矿坑及堆土（岩）侵占了大片农田。采用露天开采时，尾矿库、住宅、厂房、排土场等附属设施建设破坏的土地面积往往是采矿场建设破坏的土地面积的几倍，不仅破坏了自然景观，还破坏了生态环境，造成了工业和农业争地的矛盾。

地下开采常引发地面塌陷。例如，在井下开采中，矿体被采出，留下空洞，导致上部岩体应力平衡被打破，引起岩体上地表断裂，地面塌陷。塌陷较深时，长期积水后形成池塘，塌陷较浅的地面出现裂缝，原地表水流入裂缝，造成地面土壤干燥，影响植物生长。在我国东部平原地区，曾经很多采矿区土地塌陷处大面积积水，很多地方被淹或盐渍化，致使耕地面积骤降，且造成了西部地区土地荒漠化和水土流失加剧。在丘陵、山地矿产开采区会发生山体滑坡、泥石流，严重破坏了生态环境，破坏了土地资源。

例如，石油是我国重要的液态矿产资源，工业的发展离不开石油，但石油的开采又损害了生态环境。我国每年有 40 亿吨地下水随石油被采出，同时消耗 300 万吨钻井泥浆和洗井水。钻井泥浆中含有石油，洗井水里也含有石油，随石油一起采出的油层水大多是含石油的污水，这些污水被排放后，对周围的农田、土壤、植物、水体都会造成破坏，危害了生态环境。

2. 矿产资源开采中的各种利益冲突

矿产资源开采首先损害了一些贫困阶层的利益。在现实生活中，收入差距日益增大，生活消费不平等，资源消费也存在着问题，矿产资源开采者无须对其所消耗的资源付费，这样，因矿产资源而受益的人不但不需要付费，而且被认为是促进经济发展的贡献者，无形中鼓励多消耗矿产资源。矿产资源被大量消耗，而且消耗后又得不到补偿。矿产资源消费很高的人得到鼓励而且无须付费，低消费的人是矿产资源遭到破坏后的受害者且得不到相应的补偿，这样对双方是不公平的，双方的利益是有冲突的。

当代人在开采利用矿产资源时无形中就与子孙后代的利益形成了冲突。如今的消费观念，常常使人们忽略了子孙后代平等享有资源的权利。当下存在着不顾长远发展，只顾眼前利益，不合理开采利用矿产资源的现象，引发生态环境严重恶化和矿产资源短缺等一系列问题。我们在开采利用矿产资源时，要尽量避免损害后代人的利益。

从经济理论角度看，只有劳动产品才具有经济价值，自然资源因为不是劳动产品所以不具有价值，因而在开采矿产资源时无须对自然界付费。于是，矿产开采行业采用了非循环的线性生产方式，向环境排放大量的资源废弃物，通过牺牲环境实现经济增长，这也是环境遭到破坏的根本原因之一。人类经济社会的发展不能损害大自然的生态系统，矿产资源开采与自然界之间的利益冲突需要人为进行补偿和修复，以此化解矛盾。

3. 矿产资源开采与全面可持续发展的矛盾

人类社会发展离不开矿产资源，而矿产资源又是有限的、不可再生的，这与我国要求经济、社会全面可持续发展相矛盾，也是摆在我们面前的一个难题。

1987 年，《我们共同的未来》提出了可持续发展，并对其进行论证，将可持续发展阐释为：在不危及后代人，满足其对环境资源需求的前提下，寻求满足当代人需求的发展途径。从根本上看，可持续发展主要就是指人类对资源的可持续利用。人是自然系统中的一部分，人要生存要发展，需要依赖自然生态系统中的自然资源。自然资源是财富增长的物质基础，也是人类生存的物质基础。人口、资源、环境作为可持续发展的三要素，资源是根本，核心是人口。

人类创造的很多物质财富，在实质上是由自然资源转化而来的，尤其是矿产资源。因此，矿产等资源的储量决定了经济发展状况，制约着人类发展水平。过度开采矿产资源取得经济快速发展的路径是不可能长久的。资源紧缺的地区如此，资源丰富的地区也不例外。20 世纪 70 年代发生过两次石油危机，使得人们更深刻地认识到了矿产资源对国家持续发展的重要性。我国曾长期饱受贫困困扰，在之后的发展中也慢慢认识到，合理开采矿产资源才是振兴经济的关键。

（二）我国矿产资源开采存在的主要环境伦理问题

1. 矿产资源开采中存在道德行为失范

矿产资源的开采离不开人，人起着至关重要的作用。我们必须考虑在矿产资源开采的整个过程中人应秉持何种价值观或价值取向。矿产资源的开采过程要以一定的价值观为指导。伦理观念作为开采过程中的某种思想准则，是价值观的外在表现。

从伦理视角来分析，一些人在矿产资源开采中存在道德失范行为。在矿产开采中，某些企业滥采滥挖、破坏环境、片面追求经济利益，没有主动保护矿山环境、合理开采资源的责任意识。

有些矿产企业工作人员缺乏保护资源环境的责任意识且没有经过岗前培训，意识不到环境遭到破坏的严重后果，不注意在开采过程中保护环境、合理开采，没有承担起保护环境的责任。

2. 矿产资源开采企业未足够重视环境保护

企业文化对一个企业的经营理念、方式等有很大的影响，好的企业文化可以提升企业活力，凝聚员工的战斗力，这对于矿产企业也是如此。文化是一种意识形态，是人们长期形成的一种思维方式、行为习惯、价值理念等。矿产行业的生态文化是一种存在于企业当中的保护生态环境、合理开采矿产资源的价值观。这种文化理念是企业刻意培养塑造的，并且在矿产企业的生产经营中会长久存在。然而，部分企业片面追求经济利益，忽视了生态

文化的建设。

当今社会的发展是全方位的，企业是社会的重要组成部分。社会在发展过程中，不仅需要和谐的环境，而且不能离开支持社会发展的各种矿产资源。一些矿产企业在利润第一的错误理念指导下，片面追求经济利益，想方设法对没有经济效益的部分降低投资。这些企业的管理者认为矿产开采的市场风险要远大于环境风险，所以他们往往会忽视有关环境保护的教育，不及时恢复矿山环境，在开采中也不注意保护矿山环境，继而引发了非常严重的环境问题。

有些企业进行了生态文化的建设工作，但是这种建设很多时候流于形式。这部分矿产企业强调环境的重要性，在企业内部开展生态文化建设，但在现实的开采行为中，这种企业生态文化建设并没有起到作用，只是浮于表层，如标语、口号、图片等比较健全，但在矿产开采的一线工作中落实不到位，采矿工人并没有将保护环境内化为他们的行为准则，大部分环保制度和规范仅仅是贴在墙上的一张纸，对采矿工人的行为并没有起到约束规范的作用。笔者通过查阅资料发现，从事矿产生态文化研究的很多学者不是在一线工作的工人，所以研究的理论性较强，而实际操作性不强，很难与矿产开采工作相契合。

此外，一些矿产企业没有很好地规划生态文化建设工作，没有建立负责生态文化建设的部门。有的即使设立了相关部门，也只是其他机构的附属部门，对生态文化的推广过于简单，没有把生态文化建设落实到日常工作中，并且存在盲点。

3. 环境伦理意识缺失

部分矿产资源开采者缺乏环境伦理意识。环境伦理意识是对环境和环境问题的价值取向和态度，它反映了人们解决环境问题的能动性以及对环境问题的觉悟程度。如果说，环境问题是人与自然的矛盾，环境伦理意识则是解决这种矛盾或者引导这种矛盾向着良性方面发展而对人提出的价值要求。正是由于人们环境意识大多还不强，其表现形式是没有将人与自然之间的伦理道德关系纳入人类发展的视野，没有给予自然界其他物种固有的内在价值和权利以充分的尊重，更没有以“道德代理人”的身份来保护和促进自然界这种价值和权利的实现。大部分人因意识不到环境问题的严重性而不以为然，归根结底在于人们的世界观和环境道德观出现了问题。

（三）矿产资源开采存在环境伦理问题的成因

1. 矿产资源价值观错位

长期以来，人们在矿产资源开采中形成了一些错误的观念。如，一些人认为矿产资源是取之不尽、用之不竭的，可以无限利用，因此对矿产资源采用掠夺式的开采方式，对资源造成了严重的浪费和破坏。矿产资源是有限的，需要人类科学使用，节约矿产资源，避免不必要的浪费。又如，一些人认为矿产资源是没有价值且可以无偿使用的，市场上各种矿产品的价格是由勘探和开采过程中消耗的社会必要劳动时间决定的。这种错误的观点正是造成人们破坏资源、浪费资源的思想根源之一。再如，一些人认为矿产资源是没有主人的，谁开采谁拥有，于是采用土法炼焦、土法炼油的小型作坊遍布矿产资源地，不仅对环境造成了严重的污染，而且对资源造成了破坏，很多地方已成焦土，无法再进行机械化开采。实际上，矿藏、森林、草原等所有资源都是有主人的，它们归国家所有，即全民所有。

2. 有关矿产资源开采的法规体系不健全

目前，我国没有建立起专门的有关矿产资源开采的法律体系。虽然在《中华人民共和国矿产资源法》和《中华人民共和国环境保护法》中有一些关于矿产资源开采过程中对矿山及周边环境进行保护的原则性规定，但缺少对具体操作的规定和造成环境破坏的惩罚的规定。矿产资源的开采过程会造成种种污染和环境破坏，由于缺少明确的法律规定，相关部门不能对这类问题进行及时、合理的处理，也没能提出具有明确指向性的、旨在防止矿产资源开采造成破坏的具体措施，没有形成有效的监管机制，等到环境问题出现时再应对就为时已晚。

由于相关法律体系不健全，产生的环境问题得不到及时、有效、科学的治理。而且利益最大化是大部分矿产开发者的最终追求，因此开发者往往关注矿产开发本身，而在治理矿产开发过程中产生的环境问题上节约成本。例如，对于比较普遍的“三废”的处理，很多企业没有采用国际上推崇的清洁

环保的物理处理方法，而采用简单的化学处理方法。

3. 矿产资源开采中政府监管不到位

政府部门在环境保护工作中的作用至关重要，起着管理和监督的功能。然而现实中矿产企业滥采滥挖矿产资源屡见不鲜，矿山环境遭到破坏。这说明政府的监督管理工作有疏漏，存在不到位的地方，如审批和监管工作不到位、部分政府官员对自身的监管不到位。

三、保障矿产资源合理有序开采的环境伦理路径

（一）坚持矿产资源开采的环境伦理原则

1. 公平公正原则

矿产资源的开采利用，已不单纯涉及经济问题，还涉及伦理问题。矿产资源是人类共同的财富，地球上的每个人都公平地享有，因此，矿产资源的开采利用要坚持公平公正原则。公平公正原则强调在矿产开采利用的过程中，要坚持代际公平原则和代内公平原则。

（1）代际公平原则。

代际公平原则要求后代人享有与当代人平等的发展机会，因此，就要保证后代人与当代人公平地享有资源财富，这就涉及矿产资源的代际分配问题。代际公平问题可以简要概括为：假定当前决策的后果将影响好几代人的利益，那么，应该如何在有关的各代人之间就上述后果进行公平的分配？矿产资源的代际公平涉及三个方面：规则公正、各代人之间的分配公正、补偿行为公正。

①规则公正，强调的是在界定矿产资源产权问题时采用的规则要公正。必须充分地界定产权的权利和义务，建立清晰的产权权利义务关系。这种权利义务关系在经济上得以实现，矿产资源所有者通过所有权获得经济效益，矿产资源的使用者需要向矿产资源所有者支付一定的使用金。

②各代人之间的分配公正，并不是要求在矿产资源总量上完全相等，而是强调在分配的比例上公平。此项原则主要从两个方面衡量：第一，当代人对矿产资源的消费活动是否影响了后代人对矿产资源的需要；第二，当代人

对矿产资源的耗损量与投资量是否匹配,对矿产资源的投资指的是对矿山生态环境和条件的改善、修复的投资以及对科技方面的投资等。

③补偿行为公正,包括当代人在矿产开采后,对资源基础和后代人的补偿行为是否公正、能否实现。补偿行为的实施对象,不只局限于矿产资源领域,还可以是其他领域,因为开采者的补偿行为大多是通过技术研发、货币投入等形式来完成的。

当某项决策涉及若干代人的利益时,应该由这若干代人中的多数来做出选择。由于相对于当代人来说,子孙后代永远是多数,因而可以从代际多数原则中得出结论。如果某项决策事关子孙后代的利益,那么,不管当代人对此持何种态度,都必须按照子孙后代的选择去办。为后代人多着想,这既是当代人的责任,也是当代人超越前代人的表现。

作为当代人,在开采使用矿产资源时,要秉承代际公平原则,不能过度开采,要节约资源,树立自觉保护资源环境的榜样,摒弃过去那种先污染后治理、消耗资源发展经济的错误观念,尊重和保护后代人在矿产资源方面的权益,给后代人留下良好的资源环境和生态秩序。

(2) 代内公平原则。

代内公平,是指地球上同代的所有人都平等地享有利用矿产等自然资源和良好环境的权利,既包括现代国家之间的公平,又包括某一国家内部当代人的公平。它主张不管哪个区域,都不得侵害其他区域的发展,特别是不得侵害那些发展相对落后的国家或地区,人类不能只顾眼前那些局部的暂时的利益,应考虑整体的长远的利益。

世界各国在矿产资源的开采利用方面存在很大的差别:发达国家与发展中国家之间存在明显的不公平;同一国家的不同群体、集团之间也存在不公平;城市居民比乡村居民消耗了更多的矿产资源;不同类型的产业,对矿产资源的消耗也是不同的。造成矿产资源利益分配不公平的原因,最主要的就是经济贸易关系的不平等。

坚持代内公平原则,在开采矿产资源时要顾及每一个国家、地区、民族的利益,在利益分配中要兼顾公平,避免贫富分化,尊重各方平等享有开采利用矿产资源的权利。只有坚持资源代内公平分配原则,才能缩小贫富差

距，保证整个人类世界持续健康发展。

2. 尊重自然原则

马克思认为一个存在物如果在自身之外没有自己的自然界，就不是自然存在物，就不能参加自然界的生活。人类生存发展的必要条件是自然界，人作用于自然，自然又对人有约束作用。人类社会的持续性依赖人与自然的和谐统一，任何试图分裂人与自然关系的理论与行为都是违背自然规律、违背环境伦理原则的。

矿产资源开采必然影响生态环境，应树立尊重自然的理念，合理开采，善待自然，遵守资源开发的规范，不能向自然盲目索取。生态的恶化和矿产资源的逐渐减少，正是自然在向人类敲响警钟。人类对自然的尊重，其实就是对人类自己的尊重。凡事都讲个"度"，矿产资源的开采也不例外，大自然为人类提供了生存环境，人类从中获取了财富，但是人类不能贪婪地无限制地向自然索取，要懂得保护自然、节约资源。如果不节约资源，就不能持久地使用自然资源，所以应尊重自然的限度，走可持续发展道路。矿产开采者要坚持尊重自然的原则，认识到人类是自然界的组成部分，对自然界的破坏最终也会作用到人类的身上，影响人类的生活，人类伤害自然界实际上就是伤害自己。人类应善待和尊重自然，做到与自然和谐相处，反对掠夺式开发。

人类的发展需要以一种与自然和谐相处的方式进行，不可危及自然生态系统。在开采矿产资源时，要充分思量自然承载力，保护自然环境，推动资源永续利用，合理有序地实施开采活动。

3. 可持续发展原则

第二次世界大战后，出现了一些片面、不成熟的经济理论，在这些理论的指导下，各国经济得到飞速发展，对自然资源进行掠夺式开采，忽视了环境。虽然人类对矿产资源的开采使用可以追溯到石器时代，但是，人类真正开始大量使用矿产资源是在工业革命之后，工业生产把人类的衣食住行与矿产资源紧密联系到一起，人们工作、生活的方方面面都离不开矿产资源，矿产资源的消耗量猛增。

矿产资源是不可再生资源，开采利用矿产资源会对环境造成严重的破坏。从一定意义上讲，矿产资源开采不具有可持续发展的可能。一是因为矿产资源开采利用的对象是可耗竭的自然资源，这些资源耗竭后不可再生。二是因为在开采矿产资源时，需要对地下岩体等进行挖掘，这样难免会破坏地壳表层的平衡系统，引发地壳运动和地表变形，破坏土地资源，损坏森林植被，打破地表生态系统的平衡。三是因为在开采矿产资源的过程中，对环境造成了严重的污染，生态系统恶化，给经济、社会各个方面都带来了负面效应。四是因为矿产企业长期以来对基础设施建设的投入不多，债务负担重，大部分企业没有扩大再生产的能力。矿产企业资金不足，因此，自身不具备可持续发展的条件。

矿产资源是不可再生资源，是不能持续的，且它受各方面因素的影响，总量是不能完全确定的，并且有些矿产资源可以被其他资源代替，难以确定耗竭时间。但是在开采过程中，对环境的破坏程度、对资源的浪费程度是可以被控制的，这取决于政府的管理力度、企业的技术水平和矿产开采者的观念。

人类社会的发展和延续与可持续发展理念的贯彻有着直接的关系。矿产资源的开采要求坚持可持续发展原则，合理开采矿产资源，提高资源开采率，坚决避免对资源造成浪费和对环境造成污染破坏，减轻资源环境的压力，摒弃过去粗放的矿产资源开采方式，采用集约型开采模式。

（二）明确矿产资源开采中各方主体的权利和责任

1. 矿产资源开采者的权利和责任

矿产资源开采者对矿产资源的开采和保护既是相互制约的，又是相互促进的。矿产资源开采者依法拥有开采利用权利，同时还要承担保护矿产资源和环境的义务。只有明确了开采者的权利和责任，二者统一，才能实现对矿山环境和矿产资源的保护，避免自然生态系统的破坏。

在我国的相关法律中，对开采者的责任也做出规定。如对产生环境污染或其他危害的单位，《中华人民共和国环境保护法》中规定开采者必须把环境保护列入开采规划，创立环境保护的责任制度，同时要采用有用的措

施，预防并治理在开采活动中产生的粉尘、“三废”、电磁波辐射、噪声等环境危害和污染。要关闭矿山，《中华人民共和国矿产资源法》要求采矿者必须向主管部门提交闭坑报告及有关采掘工程、安全隐患、土地复垦利用、环境保护的资料，并按照国家规定报请审查批准。对煤炭资源的开采，《中华人民共和国煤炭法》规定，开采者必须遵守有关环境保护的法律规定，防治污染，保护生态环境。坚持煤矿开采与环境保护同时进行。煤矿建设项目的环境保护设施必须与主体工程同时设计、同时施工、同时验收、同时投入使用。

明确矿产资源开采者的责任，是合理开采矿产资源的关键，是减少和治理环境破坏的主要工作之一。矿产资源开采者在依法享有权利、获取经济利益的同时，也必须对预防和治理环境污染、促进矿产资源持续利用履行相应的义务，采取有效措施，筹集相应资金，在矿产资源开采活动的各个环节开展环境保护及治理工作。

矿产资源的开采主体是矿产开采活动的直接执行者，主要指矿产企业，它们是矿产资源开采的主要受益人。如今，在经济全球化浪潮的影响下，矿产资源显得日益重要，矿产企业的管理和经营也逐渐受到重视。建立受伦理道德约束和规范的企业关乎企业的形象以及企业未来的发展。

在矿产资源开采中，获取矿产资源开采的收益是矿产企业享有的主要权利。义务和权利往往是相互的，任何权利实现的前提都是履行一定的义务。简单地说，义务是个人在社会中根据其地位或职位应对社会承担的责任，如果没有尽到相应的义务或是义务履行不到位就应该承担必要的责任。

伦理责任就是人对社会关系的应然认识、自觉承担的责任。无论是政府、个人还是企业，都应该对责任范围内的事情负责，也可将伦理责任理解为社会成员为了使某种社会关系健康持续发展，必须遵循的一些伦理道德规范。如作为矿产资源开采者的一员，按企业规定，在开采过程中就要承担完成工作任务和保护环境的伦理责任。

相比于社会其他各主体，企业在环境保护方面要承担更多的责任，因为环境遭到破坏常常是在各种经济活动中发生的。如今，随着经济发展，环境日益恶化,国民的环境意识正在日益提升,企业也应为了减轻环境负荷实行绿色经营政策,从长远来看企业的利益与绿色经营是挂钩的。企业有责任成立环保部门,设立相关负责人,对环境实施全面管理,减少资源消耗,实行绿色开采,定期对全体员工开展环境教育,公布环境报告。企业要建立完善的企业社会责任自律机制,自觉履行保护环境的责任,完善企业内部的道德调控机制,增强环境保护意识。

2. 矿产资源开采中政府的权利和责任

政府既是政策的制定者,又是政策的执行者,在处理各种人与人、人与自然的矛盾关系时,肩负着极大的社会责任,对地球的保护也担负了极大的责任。

在矿产资源开采过程中,政府要加强管理,建立规范的开采秩序,维护良好的矿业环境。应抓好年检,严格发证,监督开采者切实履行义务;对发证和换证的工作必须严肃认真把关,对那些不合理开采矿产资源、破坏环境的企业拒绝发证、换证,从源头上杜绝矿产资源的低效开采。同时,政府也要采取一定的措施,如做好占用储量登记工作,实行储量分段管理,积极探寻新的方法,加强对开采者履行保护环境和合理开采矿产资源义务的监督。对无证开采的矿产企业要坚决取缔,对越界开采的要依法制止并予以处罚,对非法转让矿业权、破坏环境的行为都要依法处理,规范矿产资源开采秩序,防止混乱现象反复发生。

加强政府对矿产资源开采的监督,关键是要做好事前的监督管理工作,积极探寻更为有效的事前监督管理机制和措施。要认真审核矿产资源开发方案,做好占用储量登记。如果开发方案不合理,就不可能做到合理开采利用矿产资源和保护环境。政府要从源头抓起,对开发方案不符合国家矿业政策标准的,坚决不予通过审核发证。

建立完善的矿产资源开采监管体系,既是政府的权利,又是政府的责任。政府部门应该依据法律法规,进一步完善探矿权审批、采矿权审批、环评审查、生产许可、企业设立、项目核准、安全许可等各项管理制度。切实加强政府在每个环节中的监管力度,并承担相应责任,遵循任务到矿、责任到人的原则,维护正常的开采秩序。

（三）健全矿产资源合理开采制度

1. 鼓励科技创新，提高矿产资源综合利用水平

提高矿产资源综合利用水平，实现生态化开采，不仅需要良好的政策保护机制和完善的法律体系，还需要成熟先进的科学技术作支撑。

依靠科技创新，提高矿产资源开采利用效率。要加强地质学科基础理论研究，探寻矿产资源形成规律，开展基础地质科学与矿床地质科学的联合交叉研究，建立客观实际的新成矿理论体系，这样才能更有效地指导找矿工作。积极探索发展新的找矿技术，利用遥感全球定位系统技术、计算机地理信息系统技术，研究开发新的物探、化探找矿技术方法，发展能够快速准确分析的测试方法，提高找矿效率。

加大矿山环境方面的技术创新研发投入，提升矿产资源综合开采利用水平。科技创新、新方法的应用能够提升矿山环境保护工作的科技含量。应该研究能够使环境负面影响降到最低、伴生资源得到充分开发、资源损失率极低的生态开采技术，如保水开采技术。这项技术主要用于解决地面水源枯竭、采场突水、地下水位下降的问题。此项技术的要领是：先通过利用先进的探测技术，掌握开采区内的地质水文状况，科学安排生产作业，尽量减少开采活动对地下水系统的破坏，再利用注浆技术改变地下水的径流，减少地下水涌出，然后在特殊区域采用充填技术控制含水层的下沉。在此基础上，建立井下水处理及回灌系统，对已被污染的矿井水进行无害化处理，用作工业循环用水，清水经地面回灌系统又返回地下含水层。该技术扭转了将井下水进行简单外排的传统处理方式，既可以有效保护水资源，又可以避免污染的矿井水对土地和植被造成损害。

鼓励科技创新，加快技术设备改造工作，提升机械化程度，从而提高矿产资源综合利用率，挖掘已开采矿山的资源利用潜力。推广科技推动型与资源集约型的开采模式，扩大资源开采的深度和广度。依靠科技创新和集约经营，增加对资源的供给。发展采选新技术、新工艺，使质量较差的资源也能得到充分利用。

2. 建立环境保护监管机制，确保矿产资源所在地的利益不受侵害

通过创新宣传教育方式，更新观念，切实加强合理开采矿产资源的意识。对矿产资源开采规划的重要性、无证开采和盗采矿产资源的法律责任、破坏环境的危害性，可以通过讲座和报告会等多种形式来进行宣传。始终坚持以人为本和可持续发展观，始终把职工的环境思想教育视为环境保护工作的重点，加强培训，提升职工的工作能力和责任感。同时，也可以借助媒体的力量，如电视、广播、报纸、条幅等，开展文艺演出、知识竞赛等多种形式的活动，加强绿色生产、绿色开采宣传。这样不仅可以培养职工的环境意识、规范职工的行为，还能营造出关注资源、关注环境保护的生态文化氛围，通过文化渗透强化职工的生态环境保护价值观。

创立新的整治方式，保证整治到位。通过深入实践调查研究，创新整治思路，提出解决问题的建议，制定出一套切实可行的、完整的整治方案，扭转矿产资源不合理开采的局面。对造成环境破坏问题的单位和职工，要深入调查原因，严肃惩治，保证整治到位。具体做法是：政府要依照法律严格办事；企业要合法合理地开采矿产资源；广大民众要积极行使监督权，可由政府设立由人民群众构成的监督组织，这样也便于民众参与管理。除此以外，政府相应部门应积极探索建立科学有效的环境监管机制，确保环保理念落实到开采的每一步。

3. 完善矿产资源方面的法律体系，依法规范矿产资源开采秩序

完善有关矿产资源开采与保护的法律法规，加快修订《中华人民共和国矿产资源法》，尽快出台矿产资源合理开采的配套政策，从而为准确对矿产资源开采利用的合理性进行界定提供法律依据。对我国目前的矿产资源开采利用状况进行深入全面的摸底调查，然后总结经验，完善矿产资源法规体系，建立一套切实可行的法规政策，以此确定奖罚标准，加强执行力度。

严格管理探矿权和采矿权审批流程，依照《中华人民共和国矿产资源法》和《中华人民共和国行政许可法》中的有关规定，清理对探矿权和采矿权审批不合法的情况，坚决制止对探矿权和采矿权非法干预的行为。根据国家资源产业政策对探矿权和采矿权严格规划设置审批程序和审批条件，规

范开采秩序，完善相关管理制度。

严厉打击证件、手续不全就进行勘查开采矿产资源的违法行为，集中整治无证开采或证件过期失效继续开采的违法行为。公安部门对违规矿产企业购买使用爆破器材的行为不予批准，工商部门不应向违法企业发放营业执照，电力部门也应终止对其的供电服务，自然资源部门要立即制止此类企业的无证开采行为，并没收所有违法所得，同时依法处以罚款。

全面查处越界开采矿产资源的行为。排查越界开采矿产资源、非法转让探矿权和采矿权的行为。如有跨出批准矿区开采范围的，要责令该矿产企业返回经批准的矿区范围，没收越界开采所得的全部矿产品和利润，依法进行查处并密封该井巷工程。如果该企业拒绝退回越界开采所得矿产品和利润，应依法吊销其勘探采矿的许可证及其他证件。对非法转让探矿权、采矿权所得的利润予以没收并处以罚款，且要责令其限期改正，逾期不改的，吊销勘探采矿许可证。

坚决关闭那些对环境造成严重污染、破坏和不具备安全开采条件的矿产企业。对无法保障安全开采和非法开采的矿产企业都要予以关闭。矿产企业要对环境影响进行评价，对不进行评价的要限期停产整顿。有的矿产企业不符合安全生产条件，不能通过审查验收，要依法吊销所有证照，责令停产整改，从而规范开采秩序。

完善恢复矿山生态环境的法律责任制度，遵照谁污染谁治理、谁破坏谁恢复原则，促使治理措施和资金落实到位。所有矿产企业，无论是已投产的还是新建的，都要制定生态环境保护和综合治理方案，然后报主管部门进行审批后实施。对于老矿山或已经废弃的矿山的生态环境治理，遵照谁投资谁受益原则，利用市场机制探索多种渠道加快恢复和治理的速度。

（四）加强环境伦理教育

1. 加强矿产资源开采主体的环境伦理教育

环境伦理教育，是高层次的环境教育，应通过环境伦理教育，唤起人们对自然环境的生态良知，为培养和提升人们的环境伦理观念奠定思想基础。类似于传统道德教育，环境伦理教育是根据环境的道德原则和规范以及环境价值准则，有计划有组织地对人们进行教育。通过环境伦理教育，激发人们的环境伦理意识，提高人们对环境伦理的认识水平，使人们建立正确的环境价值观，在生产实践中爱护环境、尊重环境，自觉协调人与自然环境的关系。

近年来，一些矿产资源开采主体为了牟取私利，不择手段，一是无证非法开采，滥采滥挖，粗放开发，大矿小开，影响恶劣；二是混淆探矿采矿，未经审批边探边采，没有合理的开采方案，造成资源浪费、环境破坏；三是重采轻治，开展采矿活动时剥离了山体植被和土层，引发地面塌陷、滑坡、泥石流，破坏了矿区耕地、地下水系统。面对这样的环境问题，人们也提出了许多解决措施，但是把培养矿产资源开采主体的环境伦理意识作为基本措施去实施的还很少。

环境伦理教育具有长期性、艰巨性、反复性和综合性的特点。环境伦理教育的长期性是指矿产资源开采主体树立合理开采矿产资源的道德观念，不是通过短期教育培训就能完成的，而是要终身进行社会教育和自我教育才能完成。环境伦理教育的艰巨性不是教育实践过程本身艰巨，而是在市场经济环境下，企业开采矿产的直接目的是追求经济利益，克制个体欲望，让环境伦理观念和意识成为社会主流，是一项无比艰巨的任务。环境伦理教育具有反复性是因为培养环境伦理观念、提高个体认识的教育过程需反复进行，且环境实践活动不断变化发展，环境伦理教育也要不断完善和提高。环境伦理教育的综合性是指环境伦理教育要与社会其他教育结合起来，相互促进，构成统一综合的体系，不能孤立地进行环境伦理教育。

对矿产资源开采主体进行环境伦理教育主要有以下几种方法。

(1) 准确系统地向矿产资源开采主体普及环境伦理知识，这是最基本的教育方法。有些人正是由于缺乏环境伦理知识，才会对资源滥采滥挖，破坏矿山环境，违背环境伦理，甚至触犯法律。要通过各种途径和方式向矿产资源开采主体灌输环境伦理知识，举办环境伦理知识竞赛活动，在学校地质专业开设环境伦理课程。还可以利用电视媒体、网络等进行宣传教育。

(2) 在矿产资源开采主体中树立典型。优秀的道德榜样是正面典型，具有广泛的影响力，可以通过自身行为在潜移默化中引导和启发人们朝着正

确的方向努力。此外，还要对反面典型案例进行剖析，引起人们关注资源遭到浪费、矿山环境遭到破坏引发的后果，起到警戒作用，目的是促使人们树立资源枯竭、环境恶化的危机意识。

(3) 奖励与惩罚相结合。应依据相关政策与法规，对破坏生态环境、造成恶劣影响和后果的矿产开采企业及人员予以惩罚，对资源环境保护做出成效的企业及人员予以奖励、表彰。

2. 建立矿产资源开采的道德行为规范

人类历史发展的每个时期，都需要国家或社会通过一定的道德规范来约束人们的行为，调节人与人之间的利益关系，维护社会生活秩序。当这些规范能够得到人们的有效遵守时，社会才能够井然有序地健康运转。在矿产资源开采过程中，必须强调保护环境的重要性，强化环境伦理观念，其本质是要求我们以科学的态度协调人类发展与自然环境发展之间的关系。我们不仅要在物质方面关注自然的价值，更要在精神方面加以重视。

在矿产资源开采中践行道德规范，在具体行动上表现为主动节约矿产资源，自觉保护矿区环境，坚决避免破坏生态平衡，落实可持续发展观，按规定防治废渣、废水、废气和噪声污染等。

新时期，根据矿产资源的特点以及开采状况，应遵循以下三项原则。

(1) 合理开发、科学利用、节约资源原则。

如今，我国在开采利用矿产资源方面存在着两个方面的严重问题：一是矿产资源的利用率低，有相当一部分矿产资源成了废弃物，被丢弃到环境中；二是一些主要矿产资源的开采率不高。矿产在开采、冶炼、运输和使用过程中也会对环境造成污染。因此，应该减轻矿产资源开采对生态环境的破坏，并加大研发投入，变废为宝，综合利用资源。一些金属产品在废弃后还可以回收再利用，这样不仅减轻了环境负担，还能实现资源循环利用。

(2) 积极研发能够替代矿产品的新产品原则。

当代人发展经济，不能无限制地使用矿产资源，否则会造成资源枯竭，损害未来的发展。矿产资源具有不可再生性，且其形成过程具有长期性，人类对矿产资源的开采使用速度又是非常快的。随着科技的发展，资源的利用范围变广，人类对新产品的要求不断提高，目前已探明的矿产种类及储量已不能满足人类需求，研发新的材料已取得很大的进展，应该沿着此方向继续探索。

(3) 谁破坏谁复垦的原则。

在开采矿产资源时会大面积占用土地，地下矿产开采活动可能导致地面塌陷，且塌陷面积远大于开采面积；露天开采活动会导致地面土壤结构破坏，植被和生物的生存受到威胁。土地复垦，指的是在矿产资源开采过程中，对造成破坏的土地实施整治措施，使土地恢复到可再利用的状态。

3. 营造合理利用资源的社会氛围

加强宣传工作，向人们普及我国的环境现状和矿产资源形势，促使人们树立保护环境意识、增强资源忧患意识，唤起人们保护资源环境的道德责任感，营造资源合理利用、保护生态环境的社会氛围。

面向矿产企业抓宣传，使矿产企业从业人员认识到保护环境和合理利用矿产资源是其责任，从而激发其道德责任感。矿产企业要组织从业人员参加环保培训，并制定完善的资源环境保护制度，健全相关组织，明确各方责任，切实推进政策稳步实施。

面向公众宣传，使人们树立环境伦理观念，遵守环境伦理规范，注重全人类的利益。可以通过以下途径进行宣传：开展文体活动，鼓励公众积极参与，邀请环境友好型企业、有防治任务的管理单位、绿色社区，积极开展以合理开采利用矿产资源、节约资源、保护生态环境、促进绿色创新生产等为主题的公益活动；通过街头宣传或悬挂横幅，在主要路段设置宣传广告栏；设立街头举报投诉咨询台，接受公众投诉，解答公众疑问；展示保护环境、节约资源的画板，发放宣传物品；通过各种媒体渠道播放保护环境、节约资源的公益广告，设置专题栏目，网站也要宣传并及时更新有关资源环境的政策法规。

第2章　矿产资源开发与生态环境

近年来，采矿活动引发的污染问题已引起许多国家极大的关注，在近一个世纪以来进行的大量采矿活动中，由于对尾矿、废石和废液管理和处理不当，对大气、水系、土壤、生物既造成暂时性的污染，又造成潜伏性和长期性污染，并危害人类身体健康。目前，一些国家已开始对采矿污染区采取一些必要的治理措施，并建立了矿山环境法规体系。但是仍然有一些企业在无任何污染防治措施的情况下，自行开采矿产资源，不但使国家的自然资源遭到严重破坏，而且使生态环境遭受严重污染。

2.1　矿产资源开发的环境理论

一、矿产资源开发的环境价值论

（一）环境价值的发现

从静的角度来看，环境资源是一定时空范围内自然界形成的一切能为人类所利用的物质和能量的总和；从动的角度来看，环境资源是指由一定数量、结构、层次的能相容的物质和能量所构成的物质循环与能量流动的统一体，它具有满足人类生产和发展需求的生态功能价值。环境的多种价值是逐渐被人们认识到的。目前看来，先后产生了基于地租论、劳动价值论、边际效用论、存在价值论的环境资源价值论。

（1）基于地租论的环境资源价值论。环境资源价值的地租论者认为，环境资源的价值通过土地的产出体现出来，即地租。这种理论某种程度上揭示了环境资源与土地的联系，但是忽视了土地本身也是环境资源的一部分，没有看到环境资源的整体性。

(2) 基于劳动价值论的环境资源价值论。传统的劳动价值论认为环境资源是没有价值的，因为环境资源没有蕴含人类的必要劳动。但是环境资源本身却可以节约劳动。较之于未受污染的土地，受污染的土地提供相同的产量需要耗费更多的劳动，这些环境资源节约的劳动就是环境资源的替代价值。另外，保护、恢复环境资源需要耗费劳动，所耗费的劳动就是环境资源的环境价值。排污对环境造成破坏，其损害的价值就是恢复被破坏的环境所消耗的成本。

(3) 基于边际效用论的环境资源价值论。效用价值论是从物品满足人的需求的能力或人对物品效用的主观心理评价角度来解释价值及其形成过程的经济理论。

(4) 基于存在价值论的环境资源价值论。存在价值论将价值分为使用价值部分和非使用价值部分，后者也称存在价值，主要包括能满足人类精神文化和道德需求的部分，如美学价值等，与人类对自然的感情密切相关。无论是劳动价值论，还是效用价值论，都不承认不具有使用价值的物品有价值，但存在价值论认为非使用价值是客观存在的。

在有关环境价值的讨论中，约翰·克鲁蒂拉提出当代人直接或间接利用舒适型资源获得的经济效益是其使用价值；当代人为了保护后代人能够利用而做出的支付和后代人因此而获得的效益是其选择价值；人类不是出于任何功利的考虑，只是因为舒适型资源的存在而表现出的支付意愿，是其存在价值。这一理论为后来研究舒适型资源的经济价值奠定了理论基础。

(二) 矿山地质环境价值论

矿山地质环境是有价值的，这种价值是由地质环境的效用决定的。各类地质环境因自身地质特征的不同而具有宜居性、稀缺性、可利用性等。同时，矿山的生态地质环境还对矿区居民生产生活具有切实的影响。

矿山良好的地质环境是矿区居民得以生存和发展的基础。这种价值一般被认为是非直接使用价值。很难想象一个地面沉降、塌陷频发、地下水位下降的矿区能够提供安定发展的生存环境。

不仅稳定的地质环境是人类生产生活的基础条件，许多不稳定的地质环境如沙漠、火山活动地区等也有旅游、科研、维持地质环境均衡的作用。

这些地质生态环境资源，可以转化为经济效益，因为它们具有美学和科研价值，能够促进经济增长，为当地居民增加收入，为政府增加税收，具有直接使用价值。

有些地方为了将地质环境资源留存下来供未来使用，投入人力、物力保护地质资源，以备将来使用。这就是地质环境资源的选择价值，也是保护地质环境资源以备未来直接或间接使用而支付的货币价值。

此外，地质环境资源还有存在价值，体现在为使某些地质环境资源长久存在而支付相应费用，如建立地质遗迹保护区，投入大量的资金维护保护区内的地质遗迹资源。

同时，随着人口规模和经济规模不断扩大，宜居的地质环境资源正在逐渐变成稀缺资源，而同时许多稀缺、可利用的地质环境资源没有得到有效的保护和利用，地质环境资源保护形势严峻。这些也从侧面使得地质环境资源的价值更加凸显。

二、矿产资源开发中环境问题的外部性

（一）外部性理论的脉络

外部性问题是矿山环境保护中的核心问题之一。在 19 世纪末，马歇尔最早发现了外部性现象：当企业规模扩大，或者形成集群以后，会对第三方带来外部效应。但是他对外部性的认识是现象性的、模糊的。庇古在《福利经济学》中明确指出，当社会边际净生产和私人边际净生产两者之间存在差异时，就产生了外部性。外部性理论正式登上了经济学的历史舞台。随着外部性理论的发展，经济学家们逐渐得出了共识：外部性是在两个当事人缺乏任何相关的经济交易的情况下，由一个当事人向另一个当事人所提供的物品束。

为了克服外部性问题，经济学家展开了探讨。庇古在分析环境问题时，提出通过征税降低个人对社会的损害。奈特通过分析深海捕鱼的例子，指出将产权划归私人所有，可以克服外部性。此后，多位经济学家将外部性与不完全竞争、公共物品、信息不对称等结合进行了分析。事实上，外部性与市场不完善是息息相关的。在一个不完善的市场上，外部性几乎是无所不

在的。

法律经济学家科斯提出通过明晰产权来消除外部性。但是由于产权交易是有成本的，外部性的消除效果往往难以达到最优。鲍默尔和奥茨通过研究总结出了外部性的定义，如果某个经济主体的福利（效用或利润）中包含的某些真实变量的值是由他人选定的，而这些人不会特别注意到其行为对于其他主体的福利产生的影响，此时就出现了外部性。对于某种商品，如果没有足够的激励形成一个潜在的市场，而这种市场的不存在会导致非帕累托最优的均衡，此时就出现了外部性。这个定义已被学界广泛接受。

（二）矿产资源开发的环境负外部性

在传统的环境经济学语境中，所有的环境保护问题都是为了解决各类生产生活行为所带来的负外部性问题。一般认为，环境问题中的负外部性都是人类或人类组织的行为引发的。可以说，矿产资源开发中的地质环境问题大部分都是由矿产企业引发的。

就人类行为的负外部性的治理来说，经济学方面已经形成了严格的范式，即努力消除社会成本和私人成本的偏离。此外，矿产资源开发中还存在历史遗留环境问题，许多地质环境问题的责任主体灭失或者无法追溯，成为公共财政的沉重负担，对地质环境恢复治理造成了极大的历史负担。解决此类问题，一方面需要扩大财政投入，另一方面需要建立多元投入机制。

（三）矿产资源开发的正外部性

矿产资源开发的正外部性主要体现在以下两个方面：一是在良性的环境规制下，通过科学的矿山设计，改变矿区地形地貌，优化生态环境；二是矿业资本外溢促进矿区经济增长和社会发展。矿业经济发展，一般会吸引周边资本聚集，带来人流、物流、资金流，从而产生资本外溢，促进地区经济发展和矿区繁荣。矿产资源开发过程具有正外部性，也就是矿产资源开发会给第三方带来潜在的收益。因为矿产资源的开发会集聚大量的劳动和资本，从而产生辐射和溢出效应，促进地区在一定时间内的繁荣。一般认为，矿产资源是影响区域经济发展的重要力量和导向指标，起到促进技术进步、提升社会劳动生产率等作用。同时，矿产资源开发能够带来大量的工作机会和创造财富的机会，从而形成潜在的正外部性，大大提升社会福利。

三、法律调整与最优环境控制

（一）调整论

一般认为法律调整的是一定经济社会背景下的社会关系。马克思主义理论认为，社会关系是指在劳动过程中，人与人所结成的劳动关系，劳动联系人与人而形成社会的纽带。故而，传统的法律调整论认为，既然法律是社会关系的调整器，则理应也只能调整人与人之间的社会关系。有学者提出环境法律不仅要调整与环境资源有关的人与人之间的社会关系，也要调整人与自然之间的关系。同时，随着法律中人的内涵扩大，提出法人的概念，人与人之间的关系进而转变为自然人、政府和企业三者之间的交互关系。

在矿产资源开发过程中的环境社会关系中，矿产企业一般是环境的破坏者，政府是环境治理与修复的监管者，居民往往是环境权益的受害者。矿产资源开发中的环境法律调整了矿区居民、矿区政府和矿产企业之间交互的环境利益关系，即充分保障矿区居民的环境权益，落实企业的环境恢复与治理责任，规定政府的环境监管法定职责。

（二）环境损害的最优控制

环境使用所产生的环境损害会给交易双方之外的第三方带来非意愿接受的成本。让环境损害者为其环境损害行为付费是从社会最优角度出发提出的环境治理策略。

但现实中难以准确估算成本与收益等技术上的难题将导致难以达到最优水平，更为值得关注的是，在环境损害趋向社会最优的过程中，私人的净成本会有所增加。此时，环境损害控制优化的过程中所产生的总体影响就不仅包括净收益的增加，还包括企业净成本的提高，而后者无疑会引起环境损害者对最优环境损害控制措施的抵制。最终环境损害控制达到什么水平及来自企业的抵制程度有多高，很大程度上取决于对环境规制目标的界定与环境规制的设计是否有效。

2.2 矿产资源开发的生态环境效应

一、矿产资源开发的概念

要理解矿产资源开发的概念，首先要明确资源开发的内涵。资源开发从广义上理解包括以下两个方面的内容。第一是开拓，包括土地开垦、矿产开掘、森林资源的砍伐、水能的人工控制等与资源开发相关的经济活动，主要目的是扩大资源利用的规模。第二是发展，主要是扩大资源开发区域和提高所开采资源的利用率。根据资源开发所包含的内容，矿产资源的开发及利用主要包括以下流程：前期勘查过程、矿产的开采过程、矿业产品的加工过程。这些开发步骤构成一个完整的矿产资源开发体系。地质勘探是矿产资源开发的前期准备工作，基本不会对生态环境产生影响；矿产的开采过程、矿业产品的加工过程都会对周边生态环境产生较大的影响。

二、生态环境效应

环境既包括以空气、水、土地、植物、动物等为内容的物质因素，也包括以观念、制度、行为准则等为内容的非物质因素；既包括自然因素，也包括社会因素；既包括非生命体形式，也包括生命体形式。环境是相对于某个主体而言的，主体不同，环境的大小、内容等也就不同。通常按照环境的属性，将环境分为自然环境和人文环境。

自然环境，是指未经过人的加工改造而天然存在的环境，是客观存在的各种自然因素的总和。自然环境按环境要素，又可分为大气环境、水环境、土壤环境、地质环境和生物环境等，主要指地球的五大圈，即大气圈、水圈、土圈、岩石圈和生物圈。

人文环境是人类创造的物质、非物质成果的总和。物质成果指文物古迹、绿地园林、建筑群落、器具设施等；非物质成果指社会风俗、语言文字、文化艺术、教育法律及各种制度等。这些成果都是人类创造的，具有文化烙

印，渗透人文精神。人文环境反映了一个民族的历史积淀，也反映了社会的历史与文化，对人的素质提高起着培育熏陶的作用，自然环境是人文环境的孕育基础，人文环境又是自然环境的发展延伸。

针对生态环境，很多专家学者对其进行了广泛深入的研究并给出了相关定义，主要包括以下几种。

(1) 生态环境是指除人口种群以外的生态系统，是不同层次的生物所组成的生命系统，是支撑人类生命系统的整个自然系统的统称。

(2) 生态环境是由各种自然要素构成的自然系统，具有环境与资源的双重属性。

(3) 生态环境即生物的生境。

"生态"与"环境"这两个概念是相互独立而又紧密联系的。"生态"是指生物个体之间以及生物与其生活的周边自然和社会环境之间相互关系的总和，而"环境"则指某一主体周围相关的客体，即主体与周围客体相互联系、相互作用而构成的统一的系统。主体的差异也会使得环境的内容有所不同，也就是说环境随主体的变化而产生变化。

叶文虎等将"环境"一词定义为以人类社会为主体的外部世界的全体。海热提等则把环境定义为主体(或研究对象)以外，围绕主体、占据一定的空间，构成主体生存条件的各种外界物质实体或社会因素的总和，是生命有机体及人类生产和生活活动的载体。而《中华人民共和国环境保护法》(2014年修订)第二条规定："本法所称环境，是指影响人类生存和发展的各种天然的和经过人工改造的自然因素的总体，包括大气、水、海洋、土地、矿藏、森林、草原、湿地、野生生物、自然遗迹、人文遗迹、自然保护区、风景名胜区、城市和乡村等。"这个定义将人看作环境的主体。

生态环境效应指的是由人类开发活动导致生态环境发生的各种变化，既包括生态环境现状发生的改变，也包括开发活动对生态环境变化产生的影响。不合理的矿产资源开发活动使得矿区原有的生态平衡被打破，还可能导致生态环境破坏和恶化；合理的开发和利用活动可以使得生态环境得到良好的重建，沿良性轨道健康地发展。

三、矿产资源开发的生态环境效应

矿产资源开发的过程会对环境产生多方面的影响，如水体污染、大气污染、土壤污染、土地资源破坏与占用、植被破坏、生物多样性破坏等。其中，露天开采产生大量的尾矿等固体废弃物，造成部分土地被占用和破坏，破坏植被，造成水土流失；矿产资源开发中金属元素通过各种途径进入土壤、河流，造成矿山生态环境的破坏。以下进行具体说明。

（一）水体污染

矿产资源开发对水体造成的污染是比较严重的。因为在矿产开采和生产的许多流程都需要大量用水，会有大量废水排出。矿产开采过程和选矿过程对水的需求量最大，对水体产生的危害也最大。选矿产生的废水一般都含有放射性元素和有毒元素，如果不经处理或者不充分处理就直接排放到地表的水体中，会使矿区周围水系遭到破坏，进而影响到矿区周围的生活、生产及农业用水，对土壤、农作物、植被和生物造成一定程度的威胁。

（二）大气污染

矿产资源开发对大气也会造成一定程度的污染。采矿中钻孔及爆破过程会产生很多粉尘，而在矿石和采矿废弃物运输的过程中也会有大量的悬浮颗粒物产生。采矿产生的一些废弃物长期堆放，经氧化及风化作用会释放有害气体。另外，在矿石的冶炼过程中也会产生有毒气体。这些粉尘、悬浮颗粒物和有害气体排放到空气中会造成大气污染。

（三）土壤污染

矿产资源开发会对土壤造成污染。采矿产生的废渣堆积于地表，废渣中的有毒有害成分渗入土壤，造成重金属污染和有毒物污染等。矿产资源开发还会导致土壤的退化，一方面表层土壤被清除，采矿后留下大量矿渣；一方面在土壤上放置大型采矿设备，压力使得土壤发生板结现象，还会造成土壤中有机质、水分的流失。

（四）土地资源破坏与占用

矿产资源开发引发的最直接的资源问题之一就是占用和破坏大量的土

地资源。一方面，露天采矿使表层土剥离，地下开采会将废土石由井下搬运到地面。选矿产生的尾矿石的堆积，也会占用和破坏大量矿区土地。另一方面，在露天采矿的过程中会开挖并破坏大量土地，地下开采则会导致大面积的地面沉降和塌陷，进而引起地表变形，使土壤的性状发生改变，土壤侵蚀加剧，不少农田被迫弃耕。

（五）植被破坏

矿产资源开发对植被的破坏也比较严重。矿产开发过程中不可避免地要砍伐植被，破坏和占用林地、草地等植被覆盖的土地。如果开发规划不合理或者不注重开发后的修复，造成的问题更加严重。

（六）生物多样性破坏

矿产资源开采活动在很大程度上改变了动植物的生存环境，威胁着动植物的生存，对矿区的生物多样性也产生深远的影响。虽然某些生命力强的物种能在矿区生存，但由于矿山废弃地土层薄、土质差、肥力不足、微生物活性差，受损的生态系统的自然修复过程非常缓慢，土壤恢复所需时间更久，矿区生物多样性破坏一般是不可逆的。不仅如此，矿产资源开发产生的废水和废弃物还会使破坏效应加强。

2.3　矿产资源开发的生态环境保护

针对矿产资源开发对环境产生的影响，提出相应的保护对策，其根本目的是避免或尽量减少矿产资源开发活动造成的生物物种损失和对生态系统造成的不利影响，努力保持生态系统的多样性、维持环境的可持续发展，促进人与自然和谐共生。根据矿产资源开发的实际情况，提出以下矿区生态环境保护措施。

一、牢固树立环境保护的观念

矿产资源开发会对生态环境造成严重的影响。近些年来，随着经济的发展和人类对矿产资源产品需求的不断增多，矿产资源开发的力度也不断加强，产生的环境问题日益严重。这种状况必须引起高度的重视。必须牢固树立环境保护的观念，在合理开发矿产资源的同时尽量减少对环境的破坏，如对采矿废水进行处理等，并且积极寻找可替代矿产品的资源。

二、走绿色发展道路

政府部门应该积极研究出台支持绿色矿山建设的相关优惠政策措施，鼓励企业积极开展绿色矿山建设，如加大对绿色矿山的专项资金支持力度，继续拓宽专门的申报渠道，鼓励绿色矿山建设；制定绿色矿山建设的资源配置倾斜政策；制定有利于绿色矿山建设的税费政策。

三、生物多样性的保护

针对矿产资源开发对生物多样性的影响，提出以下保护措施。

(1) 建立一定数量的公园或保护区，以弥补矿产资源开发项目对环境造成的破坏。

(2) 异地安置或人工喂养珍稀和濒临灭绝的生物物种。尽力设计、建造适合珍稀动植物及其他物种栖息的特殊环境。

四、植被保护与水土流失防治

植被对矿产资源开发中溢出的金属元素有吸收与固定作用，矿区植被的保护与恢复尤为重要。矿产资源开采会不可避免地引起植被的破坏。为了把这种破坏降到最低限度，应禁止在矿产资源开发中滥砍滥伐，以保护森林资源。在矿山项目建设后期要加强植被的恢复和再造，倡导植树造林。矿产资源开发也会引发一定程度的水土流失，而植被对水土流失有很好的控制作用。要防治水土流失首先要增加植被的覆盖率，然后采取措施，尽量减少土壤的侵蚀。同时要加强水系的边坡护理和修缮，正确设计水土流失的防治工程，控制矿产资源开发项目对地表剥离的面积，以控制水土流失的面积和强度。

五、有效控制矿产资源开发对水和土壤的污染

矿产资源开发会对水、土壤和大气产生一定的污染，应根据矿山所在地区的气象、水文条件和环境容量，合理控制污染物排放；要合理选择矿业产品加工等场地，尽可能避开湿地、港湾和自然保护区及其他生态敏感区，以减轻矿产资源开采工程对当地环境产生的压力。金属元素比较容易富集在水系，所以应该在靠近矿产资源开发点的水系上游建立相应的污水处理工程，对生产中排出的废水进行净化，降低其中有害物质的含量。水系下游土壤中的金属元素含量较高，而且植被对土壤中的金属元素有吸收和固定作用，所以在矿区下游应该多种植树木，以改善土壤质量。最后还要对土地资源进行合理利用，控制各种有可能导致土地资源退化的用地方式的用地比例。

六、合理利用土地资源

矿产资源开发会不可避免地造成土地资源的占用和损毁。针对这类问题，可以提出三条响应措施：一是要控制矿产资源开发中生产原料和固体废弃物等物质的堆放，可以根据实际情况修建适合的场地或选择影响较小的区域来堆放；二是最大限度地对矿业生产造成的植被和上层土壤破坏进行控制，防止土壤侵蚀；三是对排水和灌溉系统进行合理设计与管理，防止矿产资源开发引发土地荒漠化和次生盐渍化。

七、依靠科技手段保护矿山环境

（一）研究地球化学元素的分布和迁移规律

通过 GIS 技术和地统计学知识，掌握地球化学元素的空间分布规律，从而厘清矿产资源开发产生的污染元素的传输和分布情况，从源头上探讨矿产资源开发对环境产生影响的原因和具体影响过程。元素的分布规律还可以指导野外实地采样工作，通过更少的采样点来更精准地研究矿产资源开发产生的环境污染情况。

（二）优先支持矿山环境保护及其产业化研究

加强矿产资源开发中的环境保护，还包括加强对矿山环境产业的研究，如矿产资源的高效利用、尾矿渣和固体废弃物的再次利用、对矿产资源开发中产生的废水的处理和积极寻找可以代替矿产资源的洁净新能源。如果能在以上方面加强研究，并将成果应用于实际，就能够减少矿产资源开发对环境的污染，同时可以提高经济效益，促进可持续发展。

八、建立环境监测体系

矿产资源开发中经常会有环境污染事件或者特殊情况发生，需建立健全矿山保护管理机构和监测体系，对矿山生态环境进行实时监测，以及时根据具体的环境情况采取相应措施。

第3章　矿产地质工作中存在的问题分析

3.1　矿山主要地质环境问题分析——以我国中南地区为例

我国矿山建设迅速发展，部分地区矿山环境污染和破坏严重，重要矿产资源总量不足与粗放式开发、资源浪费并存，生态环境脆弱与矿山环境破坏并存，已成为各个地区环境污染与破坏的一大源头，并成为阻碍矿产资源开发区域经济和社会可持续发展的重要因素。

一、矿山主要地质环境问题概述

在许多地区，“拿走资源、留下污染”的矿山开采活动，大面积破坏植被、污染河流并造成水土流失和泥石流隐患。从总体上看，矿山环境恶化趋势主要表现在如下六个方面。一是矿区废水、废气和固体废弃物污染严重。矿山开采中废气、粉尘、废渣排放，产生大气污染和酸雨，如排放烟尘、二氧化硫、氮氧化物和一氧化碳，使矿山地区遭受不同程度的污染。二是压占和损毁土地，破坏了大量耕地和建设用地，且采矿活动产生的各类废渣、废石堆置等侵占了土地，破坏了森林和草地。三是破坏矿区水平衡，导致区域地下水位下降、水体严重污染，产生各种水环境问题。四是地下采空、地面及边坡开挖，影响了山体和斜坡的稳定，经常诱发滑坡、泥石流、地面塌陷等地质灾害。五是造成水土流失及土地沙化，破坏生态环境和地貌景观，影响整个地区环境的完整性。六是开采出来的矿石、废渣等深部物质氧化分解，溶解于水体中，造成下游河道、农田、饮用水源等发生化学污染和重金属污染，严重时甚至造成下游地区绝收和地方病流行。

中南地区矿山星罗棋布，分布面广，矿产资源开采对环境的破坏表现出广泛性，生态环境治理投入大、难度大。近年来，矿山环境保护工作虽然取得了一些成绩，但由于矿产资源开采造成的生态破坏和环境污染具有点多、面广、量大的特点，加上历史“欠账”多，治理进度缓慢，矿山环境恶化趋势还没有得到有效遏制。人类的矿产资源开采活动叠加在自然地质作用的基础上，成为矿山地质环境问题产生、加剧的主要原因。由于地质、地形地貌、气候等的差异，中南地区的地质环境具有明显的地域特征，对矿产资源开发影响显著。

矿业活动包括从矿产资源勘探、开采、加工、运输，直至使用的全过程，其中最重要的是矿石采掘、选矿及冶炼三部分。矿业活动引发的生态环境问题有很多，具体如下。

(1) 地震：天然地震、诱发地震。

(2) 岩土位移：崩塌、滑坡、泥石流。

(3) 地面变形：地面塌陷、地面沉降、地裂缝。

(4) 土地退化：水土流失、盐碱(渍)化、冷浸田。

(5) 海洋(岸)动力灾害：海平面上升、海水倒灌、海岸侵蚀、港口淤积。

(6) 矿山与地下工程灾害：坑道突水、煤层自燃、瓦斯突出和爆炸、岩爆。

(7) 特殊岩土灾害：湿陷性黄土、膨胀土、淤泥质软土、冻土、红土。

中南地区矿产开发、开采历史悠久，矿产企业众多，有色金属、贵金属和非金属矿产的分布具有明显的地区特色和优势。如有色金属、贵金属较集中的分布区域为南岭地区(包括湘南、粤北、桂北地区)和鄂东南地区；油气、岩盐、石膏较集中的分布区域为鄂中和洞庭湖地区；磷、硫、铁、煤等矿产资源较集中的分布区域为鄂西、湘西和闽西地区；金、银、稀土矿产较集中的分布区域为鄂西北、湘西和南岭地区。不同矿产的开采方式和规模不同，矿产资源开采活动诱发的地质环境问题也不完全相同，产生的危害的规模和严重程度也有差异。按照矿产开采活动，可将地质环境问题归纳为下述三类。

(一) 矿山疏干排水引发的地质环境问题

在矿山疏干排水过程中，长期大流量排水，会导致区域地下水大幅度下

降，其后果是破坏地下水的动态平衡，造成天然流场改变。天然水均衡的破坏引起地面沙化、土层干燥化和土壤贫瘠化，严重影响植物的生长。在碳酸岩盐发育地区，岩溶充水矿山的排水，极易引起岩溶地面塌陷。

另外，矿坑排放出的未经处理的大量有毒有害废水，使矿区附近的地表水、土壤及地下水受到严重污染，导致河中鱼虾绝迹，水草不生，变成“毒河”，使当地的农作物受到污染，直接影响当地居民的身体健康。

（二）矿山开采诱发的地质环境问题

矿区是人类活动的集中区，人类活动造成的地质灾害如崩塌、滑坡、地面塌陷等，种类繁多、突发性强，产生的危害尤其严重。

地下采空造成滑坡、崩塌的现象也相当普遍。由于长时间大规模的人类活动，矿山及其周边已成为环境脆弱区，一种地质灾害往往会引发其他种类的地质灾害，形成地质灾害链，对当地生态环境和人民生命财产造成严重危害。

（三）矿山堆选诱发的地质环境问题

在矿山堆选活动中，每年运上地表的废矿、矸石数以亿吨计，堆积于地表的大量固体废弃物往往引起严重的地质环境问题。首先，大量的固体废弃物占用大量耕地。废矿、矸石一般含有大量的有机物，同时富含重金属、碱土金属和硫化物等，降雨的淋滤作用使可溶性的成分溶解，从而形成污染源，对周围的地表水、土壤和地下水造成污染。其次，降雨淋滤作用、风化作用又会削弱堆积物的稳定性，从而引发破坏性滑坡、尾矿坝溃坝等灾害，并且在降雨条件下易为泥石流的暴发提供物源。矿山活动引发的地质环境问题与地质灾害给人民生命财产和当地生态环境造成了巨大的威胁，开展矿山区域地质环境调查与评价工作，查明矿山地质灾害的类型、规模及分布特征，做出科学评价，可以为开展矿山环境恢复治理工作提供基础资料，为规划管理部门提供决策依据，具有很高的社会效益及经济价值。

二、矿山主要地质环境问题的类型与特点

（一）矿山主要地质环境问题的类型

1. 矿山地质灾害问题

山地由于山高坡陡，采矿工程改变了地形地貌，破坏了山体的完整性和岩土体力学平衡，加之爆破、工程机械的扰动作用，在重力作用和暴雨等因素作用下，导致山体局部变形、断裂、脱离母体，产生崩塌、滑坡、泥石流等地质灾害。常见的与采矿有关的地质灾害有崩塌、地裂缝和危岩、边坡失稳、滑坡、地面塌陷等。

（1）崩塌。

悬崖陡坡上被直立裂缝分割的岩土体突然脱离母体向下崩落的现象称为崩塌。在陡坡脚剥土挖洞，使岩土体根部空虚，很容易引发崩塌。湖北远安盐池河磷矿崩塌是一个典型实例。当时，该矿在三面临空的陡崖下开采磷矿数十万吨，形成大面积的地下采空区，致使上覆山体中的裂缝不断扩大，最后在暴雨和井下爆破的激发下发生体积达上百万立方米的大规模崩塌。

（2）地裂缝和危岩。

地裂缝和危岩的发生机制与崩塌相似，只不过受损山体尚未脱离母体，而成为危岩。鄂西地区的含矿地层均为灰质页岩或泥页岩，其工程地质性质相对软弱，而其上覆地层多为厚层状石灰岩或粗砂岩，工程地质性质相对坚硬。由于溪谷等的强烈切割作用，工程地质性质相对坚硬的岩类往往形成悬崖陡壁，临空耸立于含矿的工程地质性质相对软弱的岩类之上。在悬崖陡壁下开矿，几乎是鄂西地区的普遍现象。在这种地质环境条件下开矿，常会导致山体斜坡稳定性破坏，很多情况下会引起山体开裂，甚至引发山崩、滑坡和地面塌陷，对矿区及崖脚村舍或附近交通安全构成很大威胁，有的甚至造成严重伤亡事故。其中，长江三峡链子崖危岩最为著名，链子崖山脚因挖煤形成地下采空区，使上覆山体出现数条裂缝，裂缝宽数厘米至数米，深数十米至百余米，危岩耸然临空，威胁长江航道安全，国家不得不花重

金予以整治控制。

(3) 边坡失稳。

边坡失稳可分两种情况：一是露天开采破坏了边坡的自然平衡，造成边坡局部崩滑；另一种情况是在临空高陡边坡下洞采矿层，破坏了斜坡原有的应力平衡状态，使山体前缘下沉，山体开裂，直至产生大规模的崩塌滑坡。

(4) 滑坡。

斜坡上的岩土体沿一定的软弱面向下滑动的现象称为滑坡。由于煤矿等含矿层多属软弱工程地质岩类，其上覆岩层往往是坚硬工程地质岩类，因此在山坡坡脚开挖、切坡会诱发滑坡。

(5) 地面塌陷。

地面塌陷指地表岩土体向下陷落形成塌陷坑洞的现象，因采矿造成采空塌陷的现象非常普遍。岩溶区主要由碳酸盐岩组成，沉积厚度大，地貌组合类型较复杂，主要在地表形成漏斗、洼地、落水洞等，地下则以溶洞为主，地面塌陷是岩溶地区普遍存在的地质环境问题。在岩溶地区进行矿产资源开发，矿坑排水或突水常引发塌陷事故。凡处于覆盖型岩溶地区的矿区，在排水疏干过程中，几乎都不可避免地会引发塌陷。广西许多矿山位于岩溶地区，矿山地质和水文地质条件很复杂，采矿时对地下水必须进行疏干排水，甚至要深降强排，由此引发了一系列地质环境问题。一是矿井突水事故时有发生；二是由于疏干排水，在许多岩溶充水矿区会引起地面塌陷，严重影响地面建筑、交通运输安全及农田耕作与灌溉；三是某些矿山由于排水，疏干了附近的地表水和浅层地下水，致使水田变成旱地。

(6) 地面变形。

由于采矿放顶、矿坑疏干或长期抽排地下水，以及降水、加荷等原因，常造成矿区地面下沉、开裂等。

(7) 采场冒顶。

在矿山开采中，采场冒顶事故是事故发生率最高的灾害之一，包括岩层脱落、块体冒落、不良地层塌落以及由于采矿和地质结构引起的各种垮塌。特别是稳定性差的难采矿体及软弱夹层，易发生较大规模的塌落。

(8) 深部岩爆。

岩爆是高地应力条件下地下洞室开挖过程中，开挖卸荷导致围岩洞壁产生应力分异作用，储存于岩体中的弹性应变能突然释放，因而产生爆裂松脱、剥落(离)、弹射甚至抛掷现象的一种动力失稳地质灾害。

2. 矿山环境污染问题

采、选、冶等矿业活动破坏植被、耕地，改变生物赖以生存的空气、水、土壤条件，造成生态系统破坏、生态平衡失调。矿业活动作用于环境的主要方式有如下几种。

(1) 固体废弃物占用土地并污染环境。

采矿会产生大量废石，一般矿山剥采比为40%～200%，如铝土矿，每采1 t矿石要产生数吨至十数吨废石。废石堆积成为尾矿库，如果不能妥善处理废石，在一定时空环境下将成为一个稳定的地下水污染源。废弃矿坑、矿渣会污染土壤水或浅层地下水。土壤水下渗，若与某含水层形成水力联系，会进入含水层，污染浅层地下水。浅层地下水若与深层地下水发生水力联系，则会进一步污染深层地下水。为防止地面沉降而进行的人工回灌活动也可能污染深层地下水。

废矿在长期氧化、风蚀、溶滤过程中，各种有毒矿物成分或有害物质(有些矿山的矿石成分中没有或只有微量的有毒矿物，则属例外)随水转入地表水体、地下水体和土壤，造成地表水体、地下水体及土壤长期不断的化学污染。

(2) 矿山废水污染环境。

矿山废水包括矿坑水、选矿废水、冶炼废水和废渣淋滤水，水中含有汞、镉、铬、镍、铅等重金属离子，氰化物、硫化物、磷酸盐等化合物，苯胺、硝基苯等有机药剂残留物，细菌、病毒等。矿山污水超标排放，会污染农田、河流、湖泊、地下水，使农作物减产、鱼虾死亡。开矿作业用水量远远小于选矿作业用水量，但不论是采矿还是选矿若不注意废水处理，都会造成严重的后果。

(3) 废气污染环境。

矿石冶炼产生的废气、粉尘排入空气中，会降低空气质量，造成空气污染。矿山废气主要有害成分有二氧化硫、氮氧化物、氯化氢、氟化物、硫酸雾及固体悬浮物等，会使植物叶片退绿、生斑、脱落，农作物生长减缓，抗病虫害能力降低。在矿山开采中，氧化、风蚀作用可使废石堆场、尾矿库成为一个周期性的尘暴源。此外，矿石破碎、筛分和选矿等工序产生的粉尘等也较多；运输时也会形成大量扬尘。

3. 矿山景观环境破坏问题

采矿破坏景观环境的问题普遍存在，例如剥土挖树、采石烧灰会损伤自然景观，破坏地质遗迹，废石、尾矿等固体废弃物的堆放会侵占耕地、河谷、河床，改变地形地貌，破坏植被、耕地，导致绿地面积缩减，引起水土流失，扰动野生动物栖息地，破坏地表水及地下水的水平衡系统；运输、爆破会干扰名胜观光等。

矿山开采引起生态破坏主要发生在以下三个过程中：①开采活动会对土地直接造成破坏，如露天开采会直接毁坏地表土层和植被，地下开采会导致地层塌陷，从而引起土地和植被的破坏；②矿山开采过程中的废弃物（如尾矿、矸石等）需要大面积的堆置场，从而导致对土地的过量占用和对堆置场原有生态系统的破坏；③矿山废弃物中的酸性、碱性或重金属成分，通过径流和大气飘尘，会破坏周围的土地、水域和大气，其污染影响面远远超过废弃物堆置场区域。

上述三个过程导致采矿地在生态系统层次上存在三种生态破坏类型：景观型破坏，表现为采矿活动对采矿地地貌的影响；环境质量型破坏，表现为采矿活动对所在地区土质、水质甚至大气质量的影响；生物型破坏，表现为采矿活动对原有生物群落的严重干扰。

地形地貌发生改变，植被、水土状态也会受影响。要获取矿产资源，一般需剥离大量地表土，还要在地面兴建许多建筑物和构筑物。这样，就必须在矿山开采前期进行大量的土方工程，而我国的矿山又大都处于山地丘陵区，因此在一个矿山达产之前，常常需要把山谷丘陵夷为平地，把平地掘成露天矿坑，把连续边坡挖成梯形平台边坡或台阶式立体面，或者由于整座山体是由矿石组成的，矿山的开采就是对整座山的挖掘。这必然造成对矿山开采区域内地形地貌极大程度的破坏，影响区域内植被面积及类型比例，甚至导致局部地区的气候、地面水土状态发生变化，影响居民的生产、生活。

露天采矿剥离出的新岩面及沿坡地建设厂房开挖的台阶立面，往往与环境背景色调反差很大，十分显眼，尤其是以天空和茂密植被为背景时，景观破坏更为严重。矿山地面工程造成的植被破坏和土壤侵蚀也不容忽视，失去地表保护层容易引发水土流失，地处山区的矿山常因此出现泥石流和滑坡事故。地下开采造成的地面塌陷不仅威胁建筑物和农田，也破坏了环境景观。如有色金属矿山无论是露采还是坑采都会产生大量废石，废石的堆置将引起严重的景色干扰。即使是开采时考虑到了废石回填的矿山，在井巷工程建设和开采前期仍有相当数量的废石无法利用；而且废石破碎和充填搅拌站大都污染较严重，与环境景观不协调。大多数有色金属矿石的品位较低，选矿后的尾砂量很大，随生产时间的延长，尾矿坝陆续加高，加上库内存蓄的废水及杂乱的漂浮物，使尾矿库成为一个长期的景观干扰源。当尾矿库选址不恰当时，将造成更为严重的后果。

矿山尾矿库溢流水、废石堆场经雨水淋溶形成的浊流，常常使河流出现颜色杂乱的污染带，加之高大烟囱及车间天窗排出的烟气弥漫缭绕，这都扩大了景观干扰范围。特别是有色金属矿物特有的颜色及矿山较大的产尘量，使矿山的地面建筑物和固定设备呈现与其所处理的矿物相同的颜色，给人以灰头垢面之感，形成颜色干扰，加重了景观破坏。

尾矿库、矸石山占用土地，并产生尘土污染。所有矿山开采都伴随着尾矿和矸石的堆放，而这种矿山特有的固体废弃物往往被就地堆放，不仅占用大量的可耕地，而且经常尘土飞扬，污染大气。这些扬尘往往含一定量的有害元素，例如铅、镉、砷等，当它们随风飘扬并降落到矿区附近的土地上时，可造成矿区土地大面积的重金属污染。此外，有些尾矿、矸石甚至被堆放在河流两岸或河漫滩，严重堵塞河道，影响泄洪、排污能力，并污染地表水系。

采矿对环境的影响还有土壤沙化及水土流失。该种类型岩土环境负效应是指因矿山开挖、排水而引起的地下水源干涸、地表植被退化，导致地面植物不再有固土作用，且采矿放顶会直接引发地表变形、干裂。当遇到暴雨时，形成地表片流，不断地冲蚀原营养成分较高的地表土，从而造成地表土的贫瘠化、荒芜化。井巷开掘、矿床排水疏干所形成的降压漏斗的水力影响

半径有时可达数十千米，可能造成区域性的水文环境破坏。

另外，疏干碳酸盐围岩含水层时，其岩溶和溶洞存在地面塌陷、下沉的隐患；而当塌陷区或井巷与地表贮水体存在水力联系时，则会酿成淹没矿井的重大事故；当岩层疏干影响的设计计划不周时，还可能导致露天边坡、台阶的滑动和变形，从而导致灾害性的后果。矿山开采后，将会产出大量的废石和尾砂（露天开采1 t矿石需剥离5～10 t的覆盖岩土），堆存这些废石和尾砂将占用大量的地表面积。地下开采时，虽然地面下沉通常是在受控状态下和圈定的范围内发生的，不致造成人身安全和建筑物破坏事故，但下沉区内的土地却会受到严重破坏。而位置及安全状况都无从查考的废弃老矿洞也存在地表塌陷的可能，对人民的人身安全和财产安全都存在严重的潜在威胁。另外，尾矿坝或废石堆场设置不当或管理不严，会造成严重的滑坡或泥石流事故，使大面积的土地受到破坏、水体受到污染，且危及人身和财产安全。

（二）矿山主要地质环境问题的特点

地质环境问题主要发生在矿业活动扰动及影响范围内，因而，矿山地质环境问题不但具有一般地质环境问题的特点和表现方式，还具有如下特点。

1. 复杂性和复发性

矿山成因类型和性质不同，开采方式、规模、历史和技术水平不同，以及所处自然环境的差异和人工改造的复杂性，使矿山开采所造成的环境影响差异很大。矿山地质环境问题的类型和表现形式、严重程度及其引发的后果，不但与矿区地质地形条件、水文、气象、植被等区域环境条件有关，而且与矿床工业类型、开发方式、开发规模、经济活动特征等密切相关。某一类矿山地质环境问题往往是采矿、选矿甚至冶炼多种活动过程共同作用的结果，诱发因素较多。某些地质环境问题还具有多次原地复发的特点，如煤层的采动（复采）会导致地表反复发生塌陷。

2. 地域性

矿山地质环境问题的类型、严重程度与矿山所处的自然地理环境密切相关。某些自然地理环境区往往是某些地质环境问题的频发区，即在某自然地理环境区内开发矿产资源往往会加剧地质环境问题的发生和发展。这类矿区的地质环境问题的危害性更大，其矿山地质环境问题的地域性特点十分明显。如山区是滑坡、崩塌、泥石流、水土流失的主要发生地，在山区进行矿产开发必然会加重上述地质环境问题的危害程度。除此以外，还会产生尾矿库溃坝和河流污染等矿山特有的地质环境问题。

3. 危害集中性与严重性

矿山地质环境问题主要是矿产开发直接诱发和加剧的结果，因此，矿山地质环境问题主要发生于矿山生产现场以及采矿活动影响到的地区，并直接威胁采矿作业现场生产、工矿设施和周边居民的生命财产安全。矿山地质环境问题不仅造成直接和间接的经济损失，破坏人居生态环境，而且还会引起重大地质灾害和环境公害，造成严重的社会影响。矿山地质环境问题不仅发生在采矿过程中，即使在矿山闭坑后相当长的时间内，仍会对矿区及其周边地区的环境产生不利影响。矿山环境污染对人体健康的危害具有滞后性和累积性，不仅影响当代人，甚至影响后代人。

4. 群发性与共生性

矿山地质环境问题往往不是孤立发生的，而是存在着矿山地质环境问题链。前一种矿山地质环境问题造成的结果常常是后一种矿山地质环境问题的诱发因素。如地下采空诱发的地面塌陷、地裂缝等往往导致地表河流水沿裂隙下灌，引发矿井突水以及土地完整性破坏和功能退化，或导致山体开裂，诱发崩塌、滑坡等地质灾害。由于诱发条件类似，某几种矿山地质环境问题往往同时发生，呈现共生的特点，如崩塌、滑坡、泥石流往往共生，地面塌陷、地裂缝往往共生。

5. 防治的迫切性

矿山地质环境问题直接危害矿山正常生产，影响着周边地区的环境安全。不断恶化的矿山地质环境问题给地区社会经济发展造成了广泛而深刻的影响，频发的地质灾害摧毁了工矿设施、造成了人员伤亡。长期严重的环境污染严重危害居民的健康，并由此引发矿地纠纷、经济索赔及其他严重的

社会问题，从而阻碍了矿山的正常生产和地区的可持续发展。因此，减少矿业开发带来的负面影响是矿山地质环境保护刻不容缓的任务。

6. 自然性

矿山是自然的一部分，矿山环境必然受气象、水文、土壤、植被、地质、地貌等自然条件的制约。矿山开采所造成的环境质量演变与环境容量密切相关。

7. 社会性

矿山是按照人们的意志对自然环境进行改造的人工环境单元，是人类物质文明的标志，是一定范围内人们生产和生活活动的中心，具有典型的社会化特征。矿山环境的质量很大程度上取决于人类的改造加工程度，与社会环境的组成、结构和功能有密切的关系。

8. 综合性

矿山环境是自然环境与社会环境交融形成的有机综合体，表现在人口、地质灾害和废弃物高度集中等方面。

9. 开放性

矿山环境在时空上是变化的，与外界环境存在着许多联系。面对复杂的矿山环境问题，环境评价必须抓住主要矛盾，分层次、分阶段、分精度、分步骤开展工作。

10. 效应性

矿业工程对自然环境既有正效应，又有负效应。矿产资源开发被公认为是对环境破坏最严重的人类工程活动之一，但是矿业工程的环境负效应是可以控制的。在充分认识矿业工程环境负效应的同时，也不应否认它在区域经济和环境建设中的积极作用。

三、矿山主要地质环境问题的成因分析

（一）矿山地质环境问题成群成带分布

矿产主要集中于山区，甚至可以认为矿山环境是人类在山地环境下进行工程活动的产物，是人类工程活动与山地环境的集合。山地环境具有如下特点：①山地环境具有高能量；②山地环境具有不稳定性和脆弱性；③山地环境具有多样性；④山地环境变化具有过渡性和复杂性；⑤山地环境具有敏感性；⑥山地环境系统物流和能流具有非线性特征。矿山地质环境问题同样具有这些特点。

矿床往往分布在环境相对不稳定的山区，而矿山地质环境问题的分布受控于成矿带的分布，成矿带的分布又受控于断裂带。因而可以认为地质灾害的分布主要受断裂带控制，加上矿山开采引起的破坏，矿山地质环境问题必然成群成带分布。

（二）不同类型矿山环境的地质问题

从找矿勘探、矿山基础设施建设、矿山开采，到选矿、冶炼，甚至在矿山和冶炼厂关闭后相当长一段时期内，矿业活动造成的环境影响一直存在。矿山的类型有很多，按开采方式，分露天开采矿山和地下开采矿山；按矿种可分为煤矿和非煤矿，非煤矿又分为金属矿和非金属矿，金属矿又分为高硫化物矿和低硫化物矿，或以金属特点分为黑色金属矿和有色金属矿；非金属矿又分为建材矿山和化工矿山；按水文地质条件，则可分为岩溶富地下水矿山、富地下水矿山和贫地下水矿山。不同类型矿山的地质环境问题表现出不同的特点：矿山在露天剥采过程中，人工边坡设计若不合理，斜坡的自然平衡状态会被破坏，加之爆破、工程机械施工的巨大扰动作用，在暴雨等因素作用下，往往容易产生崩塌和滑坡；在地下开采过程中，产生的矿山地质环境问题也很多，主要会诱发地震、区域性地面下沉、区域塌陷、山体开裂、崩塌滑坡、地裂缝等；矿山井下开采，地面可能发生大面积塌陷（沉陷）积水，致使大量良田废弃，村庄搬迁；地下采空区过大，顶板太薄，容易引发塌陷。

（三）地质灾害分布的一般规律

地质灾害的发生主要由地貌、斜坡原始组成物质、构造、持续降雨与暴

雨、人为作用这五个方面的因素控制。其中，后两个因素是外因，主要表现为地质灾害的触发(诱发)因素，分别称为气候气象因素和人类活动因素，而前三个因素是内因，反映出灾害体自身的致灾因素，即地质灾害生成的自然要素，称为地质环境因素。

地质环境因素可分为构造不稳定因素、斜坡不稳定因素和地面不稳定因素。为了与人类活动因素相区别，又可将地质环境因素和气候气象因素合并称为自然因素。

(1) 构造不稳定因素主要由断裂带的活动性引发，活动断裂带是诱发强烈地震的主要构造，也是引起崩塌、滑坡、泥石流、地裂缝和地面塌陷等的因素之一。地壳的垂直升降运动，会导致隆起区和沉降区的形成与演化。在沉降区的平原及三角洲地带，沉积层中有大量软土，持力性极差，因而其危害性极大；在隆起区会由于坡度和高差大而引发斜坡灾害和水土流失。

(2) 斜坡不稳定因素主要受控于斜坡坡度、坡长和坡向。斜坡失稳主要导致水土流失、崩塌、滑坡、泥石流等灾害发生。研究结果表明，多数崩塌和滑坡发生于坡度在30°以上的坡地上。不同的坡向造成日照时间、气温、降雨量和降雨强度的差异。坡长与坡度共同影响着斜坡灾害的产生。

(3) 地面不稳定因素主要源于某些土体的不良物理化学性质。中南地区分布较广的不稳定土体主要有软土、胀缩土和残积风化土。平原区软土的变形、蠕动甚至流动会造成地面变形、沉降、开裂和塌陷。胀缩土由于含有大量蒙脱石和伊利石而具有吸水膨胀和失水收缩的变形特征，往往使地基随着季节性的气候变化产生反复的不均匀沉降与隆起，进而导致地裂缝的形成。含有高岭石和蒙脱石等矿物的残积风化土主要分布于丘陵、台地，或埋藏于三角洲平原松散沉积层之下，极易在水的作用下产生滑动、流动，引发斜坡灾害。

(4) 气候气象因素主要表现为灾害性天气。如暴雨能在短时间内激化矿山斜坡危险区并使其失稳。此外，长时间连续降水会降低土体力学强度并增加土体孔隙水压力，这也是坡面失稳的主要因素之一。

下面以中南地区为例讲解地质灾害分布与地质环境因素的关系。

中南地区山区地质地貌特征：①西北高、东南低、高差大；②喀斯特地貌发育、岩溶沿断裂带走向发育；③深大断层切割强烈、河流多形成谷坡陡峻的V形河谷；④受亚热带季风湿润气候的影响，岩石风化强烈。高山、陡坡、深谷地貌往往是新构造运动比较强烈的地区，间歇性的抬升与剥蚀使地貌上出现多级剥夷面，并伴有一定规模的残坡积物堆积，对地质灾害体的形成起了重要推动作用。

中南地区西部山区断裂构造发育，并有多期活动的特点，在断裂破碎带内，滑坡（崩塌）、泥石流成群出现，地质灾害的分布格局在很大程度上受构造体系的影响。经历漫长的地质构造运动，遭受不同时期、不同程度的抬升、沉降，在多期拉折剪切作用下，断层褶皱发育，以致岩石圈表层破碎，区域性节理裂隙发育，促进岩体的分离，对滑坡的形成极为有利，在褶皱紧密、断裂发育地段易发生滑坡。强烈的构造运动也造成岩层变位、变形、破坏，形成的断裂和裂隙破坏了岩石的完整性，被切割破坏的岩体，成为泥石流的固体物源，泥石流主要分布在构造交汇部位。区内先成的地质灾害（崩塌、滑坡、先成泥石流）十分普遍，直接为泥石流形成提供大量固体物质。崩塌的形成条件和影响因素与滑坡大致相同。

在断裂构造两侧一定宽度的区域内地质灾害的分布密度较高。这是由于断裂带内构造节理发育、岩体破碎，为崩塌、滑坡及斜坡变形等地质灾害的发生提供了有利的边界条件，所以地质灾害的分布规律一般表现为在大地构造线控制下呈带状分布，在新构造运动影响下呈垂直状分布。中南地区西部山区新构造运动主要表现为沿老区域构造发展、以间歇性抬升为主的垂直差异运动。统计表明，新构造运动促使山前残坡积物形成，之前滑坡发生地带容易重新活动，表层岩土蠕动，形成坡面型泥石流的概率增大。

（四）矿山地质灾害与人类活动的关系

一个地区的岩崩、滑坡及斜坡变形等地质灾害有其形成发展的区域地质背景，构成这些地质背景的特定山体的介质结构，即岩性、构造和地形条件是各不相同的，它们是长期地壳运动和地质作用的结果。地形条件的复杂程度及斜坡坡度，决定了岩崩、滑坡和斜坡变形破坏的临空条件。人类不合理的活动，则加速了地质灾害的发生，并且加剧了后果的严重性。

3.2 矿产资源开发管理存在的问题分析

一、矿产资源开发政府管理的理论与现实基础

(一) 矿产资源开发政府管理的理论基础

1. 政府干预理论

政府出于国家经济、社会安全生产和环境生态方面的考虑控制私有部门的原则很早就明确树立了。凯恩斯在18世纪就宣称自由放任主义的原则无论如何都毫无科学基础。杰文斯也指出,国家只有采取单独行动且其后果对人类福祉的总量有所贡献时才能证明其存在的合理性。第二次世界大战后,西方经济理论的凯恩斯革命,促使凯恩斯学派形成,建立起一整套以政府干预主义为原则的宏观经济理论和宏观经济政策,并取代经济自由主义成为当时经济学的主流。凯恩斯认为,应对市场主体的竞争行为和交易行为进行必要的干预,以保证宏观经济的健康发展,弥补市场的缺陷及纠正市场失灵的现象,使经济总量还原到均衡状态。

凯恩斯时代,随着生产力的不断进步和科学技术的快速发展,国家在国民经济活动中的角色越来越不可替代。因此,第二次世界大战后西欧和北美各发达国家都极力推崇政府干预理论,即强调国家对经济建设的全面干预,对经济恢复与建设发挥了重要的作用。这正是政府干预理论获得成功的经济社会背景。与凯恩斯不同的是,亚当·斯密生活于自由竞争资本主义时期,当时,市场机制在经济发展中尚未充分发挥作用,因此,他主张限制国家干预职能,强调经济理论的核心就是培育市场要素、发挥市场机制的作用、解除对"看不见的手"的禁锢。随后,李斯特的经济理论注意到国家干预带来的积极作用,但是他的国家干预思想主要是贸易保护主义。而凯恩斯学派认为,针对市场失灵问题,应强调国家对经济的全面干预。

自20世纪70年代开始,许多国家因长期实行凯恩斯主义而出现了干预的后遗症——"滞胀",即失业和通货膨胀并存。失业意味着总需求不足,而通货膨胀则意味着总需求过大，这种滞胀问题是传统的凯恩斯主义无法解释的。大批的经济学家认为之所以出现通货膨胀是因为政府的干预造成了需求过度，由此出现了批判凯恩斯主义的浪潮。其中，供给学派等主张重新构筑经济自由主义的理论阵地，倡导削弱国家干预，重视市场自发调节机制。但斯蒂格利茨认为，市场或价格配置资源都必然会导致市场失灵，因为市场配置资源或价格配置资源通常缺乏效率，而市场失灵就需要政府出面进行干预。把握好政府和市场的关系，对经济的健康发展至关重要。与之相应，由于各国都试图通过对国家经济的适度干预，在经济政策方面力求在市场自由与政府干预之间寻找一个最佳的平衡点，所以，经济政策总是围绕国家干预这根轴线上下波动，时而强化、时而放松管制。特别是2008年金融危机以来，一些国家出现了通货膨胀、经济萧条等多重危机，于是各国采取一系列举措试图刺激经济，由此引发了经济学理论界关于经济自由与经济干预的新一轮争论。应当说，经济自由与经济干预理论是在特定的经济背景下，从某个理论角度对经济运行的概括和总结。它们的交替式演进、发展说明二者谁也无法占据明显上风，这也说明了过度自由或者过度干预都不利于宏观经济的运行。正如学者叶德磊所言，经济自由与经济干预这两种理论不断地倾向于吸收对方的理论观点和政策主张。经济的发展必须在适度自由与适度干预之间寻找平衡。

如何处理政府与市场的关系，也对构建矿产资源管理体制机制具有启示意义。矿产资源管理要解决的问题之一是在矿产资源领域正确处理政府与市场之间的关系，使政府与市场之间达到一种和谐的状态。如何正确、恰当界定政府与市场的关系，不仅直接影响矿产资源开发中法律制度体系的构建、政府行政权力的科学配置、政府行政职能的科学定位，而且在很大程度上决定着矿产资源开发的速度、效率，甚至影响矿产资源开发中各项预定目标的实现。在矿产资源开发中，政府行政干预与市场关系的界定，实质上是指政府行政干预与市场调节机制各自的功能、作用及其相互关系的合理定位。专家学者们普遍认为，在矿产资源开发中，单纯依靠政府干预或者市场机制都是不合理、不科学的，必须使政府干预与市场机制相互协调，才能保证矿产资源开发目标实现。

矿产资源开发需要按照市场经济运行规律来实施，但是绝对不能完全按照市场经济特有的思维方式来思考、解释甚至设计矿产资源开发战略，其主要原因在于生态环境的保护与资源开发的矛盾性。矿产资源开发、区域经济发展与生态环境保护之间不可避免地存在矛盾冲突，要实现经济的可持续发展就必须正确协调它们之间的关系，坚决避免产生忽视生态环境、片面重视经济指标的开发倾向。而保护生态环境既是各级政府部门的重要职责，又是保障和实现社会公共利益、整体利益、长远利益的重要公益性工作，其与市场主体追逐自身利益最大化的行为特征、行为目的、利益需求等存在更为深刻的矛盾，难以主要通过市场机制来实现预期目标。因此，要协调生态环境保护与矿产资源开发之间的关系，实现矿产资源开发中生态环境保护的基本目标，显然应当以政府干预为主要手段，而不能也不可能主要依靠市场机制。

由于矿产资源具有准公共物品的属性，在矿产资源开发过程中，存在各种因素致使市场机制无法保证有效配置资源，最终使矿产资源市场失灵。这些因素有矿产资源产权界定不明、矿产的公共物品特性、矿产资源开发中产生的外部性、矿产资源市场存在天然的垄断性和矿产资源开发信息存在不对称性等。从公共物品理论角度看，矿产资源分布区和资源开发地的环境是一种典型的公共物品。由于公共物品不具有竞争性和排他性，能够供许多人同时使用，某个人对某一种公共物品的使用并不妨碍其他人对该公共物品的使用，这就使得公众对它的需求具有公众性与集合性。由于环境的所有权和使用权很难准确地确定，社会中的每个团体或个人，包括矿产资源开发主体，都可以根据费用效益准则来利用环境资源。在矿产资源开发过程中，存在过度利用或滥用环境资源的倾向，例如，伴随资源开发产生了大气污染、地下水污染、森林植被破坏和矿业废渣的堆放等，尤其是无偿利用环境资源的时候，会引发严重的外部不经济现象。这将会导致市场交换制度失效，最终导致市场不能有效地供给公共物品，而利用政府干预手段可以应对矿产资源的市场失灵问题。

对于矿产资源开发中政府干预与市场机制的关系，只有辩证地结合、协调运用政府干预与市场机制进行社会经济管理、资源配置才是正确的选择。

毫无疑问，我国的矿产资源开发应当协调并处理好政府干预与市场机制之间的关系，既要重视并充分发挥政府干预的作用，又要重视并积极运用市场机制。应当适度强化政府干预在市场失灵以及市场发育不良等条件下的力度。

2. 政府职能理论

政府职能是一个广泛的概念，政治体制、文化背景不同的国家，其性质、内容、规范和作用的方式等都存在明显的差别，即使在同一个国家里，不同历史时期的政府也有不同的职责范围和特点。政府职能在客观上会随着政治、经济、文化、科学和社会的发展变化而变化，在主观上则会随着人们对国家或政府的再认识而发生变化。在我国，政府职能亦称行政职能，是国家行政机关依法对国家和社会公共事务进行管理时应承担的职责和所具有的功能。政府职能反映着公共行政的基本内容和活动方向，是公共行政的本质表现。公共享有的消费品，如国防、大型基础设施等，与公共利益及需求直接相关。公共物品自身的基本特性决定了其供给的稀缺性，而且存在市场机制严重失灵的问题，因此只能依靠政府组织生产和供应才有可能解决。斯蒂格利茨认为，因为政府拥有征税权、处罚权等行政管理权，因此在纠正市场失灵方面具有明显的相对优势。如政府可以通过纠正性税收来影响生产、引导消费，从而增加福利收益，实现帕累托改进；政府可以通过立法对市场中的违约行为进行相应的处罚及解决污染等外部性问题；政府还可以通过公共物品供给和建立社会福利制度解决市场中的搭便车、信息不完全和逆向选择等问题。

对于政府来说，合理确定其职能是政府进行有效的社会管理的前提和基础。在不同的发展阶段，政府职能定位也不同。从历史的长河来看，政府的职能定位经历了从守夜人到强势干预者再到适度干预者的演变。

(1) 守夜人。

从18世纪到20世纪30年代，亚当·斯密将政府的职能定位为守夜人。他在《国民财富的性质和原因的研究》一书中指出政府的职能主要有三个方面：保护社会不受其他独立社会的侵犯，只有依靠军队才能完成这一职责；尽可能保护社会所有成员不受其他成员的欺侮和压迫，设立严正的司法机

构;建立和维持某些对于一个大社会有很大利益的公共机构和公共工程。他认为,市场这只看不见的手可以自行调节经济的发展,应当尽量减少政府的干预。

(2) 强势干预者。

从 20 世纪 30 年代到 70 年代中期,政府职能定位为强势干预者。1929 年到 1933 年爆发的经济危机,使人们认识到市场这只看不见的手存在失灵的情况,需要政府这只看得见的手来弥补市场的不足。凯恩斯在其著作《就业、利息和货币通论》中明确批判了萨伊法则,反对放任自流的经济政策,明确提出国家直接干预经济的主张,《就业、利息和货币通论》的出版标志着国家干预经济社会发展的理论系统初步形成,认为市场缺陷是与生俱来的,而市场本身并不能自行克服和调节,只有通过政府的强势干预,才能实现社会总需求和总供给的基本平衡。

(3) 适度干预者。

从 20 世纪 80 年代开始,政府职能定位为适度干预者。凯恩斯主义曾经一度被认为是市场经济的救星,但后期政府的强势干预导致政府职能急速膨胀,以政府代替市场甚至直接参与市场导致政府失灵的现象越发严重,市场在资源配置中的决定性作用没有得到充分发挥。此时产生了适度干预学说等,主张国家应当适当控制货币发行量,对经济进行适度干预。

政府职能定位的改变并不是政府职能的完全改变,而是不同职能在总体职能中的相对改变。

政府职能定位应该遵循以下几项原则。

①精简、统一、效能原则。根据社会的发展需要,积极推进政府机构改革,能精简的精简,将职能相似或相同的部门归于一个部门负责,利于政令统一,同时要提升政府管理和服务水平,提高行政效能。

②权责对等原则。政府管理的一项基本原则就是有权必有责,有责必有权。因此,要按照权责对等的原则,合理配置政府部门职责、权限,科学划分部门之间的职能。

③有限性原则。随着经济的不断发展和各项改革的不断深入,“全能型”政府已经不适应时代的要求,政府职能必须是有限的,即有所为有所

不为。

在社会主义市场经济条件下，政府的主要职能是经济调节、市场监管、社会管理、公共服务。在市场条件下，政府的职能体现在以下两个方面：由于市场存在自发性、盲目性、滞后性，存在自我调节失灵的隐患，这就需要政府发挥作用，弥补市场调节的缺陷；政府应站在市场之外从全局出发，起到宏观调控的作用，引导经济持续、健康、平稳发展。政治学理论认为，政府的政治职能主要是维护国家统治阶级的利益，对内维持社会秩序的安定、和谐，对外保护国家安全。政府的经济职能是对国家经济进行宏观调控，确保国民经济健康、稳定发展。政府的文化职能是发展繁荣文化事业，促进社会主义精神文明建设，满足人民群众日益增长的社会文化需要。政府的社会职能是为全社会提供公共服务，保障民生，促进社会公共福利事业发展。政府的生态保护职能，则要求政府在发展经济的同时，突出生态建设和保护，实现经济社会又好又快发展、人与自然和谐发展。各级政府应当在科学发展观的指引下，按照生态文明建设的要求，强化生态责任意识，为人类提供良好的生产、生活、生态环境。

3. 可持续发展理论

矿产是重要的资源，而资源的开发利用不可避免地会对环境造成影响，因此，矿产资源开发是一个与环境、经济社会发展密切相关的问题。尤其是当今全球资源环境持续恶化，对矿产资源进行开发必须将环境、生态问题考虑在内。可持续发展理论注定会成为矿产资源开发管理的理论依据。

从政治学的角度考虑，有些矿产资源具有重要的战略意义，如石油、天然气、煤、铁等，所以矿产资源的安全即意味着国家安全。透过政治学原理，可以发现保障矿产资源安全的对策包括一切可以利用的政治手段。

可持续发展理论的产生和发展为矿产资源开发管理的研究提供了全新的视角，即矿产资源管理应当保障资源安全和环境安全。可持续发展不否定经济的增长，更不反对发展，尤其强调在经济增长的同时不能忽略资源、环境问题。据此，可持续发展理论是我国矿产资源开发管理的理论基础，有利于促进资源、环境、经济社会协调发展目标的实现。

2002 年通过的《可持续发展问题世界首脑会议执行计划》提出了诸多明

确目标，并设立了响应的时间表，矿产资源问题得到了史无前例的重视。《可持续发展问题世界首脑会议执行计划》在保护和管理经济和社会发展的自然资源基础中详尽地论述了矿产资源的重要性及实施可持续发展的行动要求：①支持着手研究采矿、矿物和金属业对环境、经济、健康和社会方面在其整个生命周期中所产生的影响及惠益，包括对工人健康与安全的影响，以及利用伙伴关系，在各有关政府、非政府组织矿业公司和工人及其他利益相关者之间，促进国家和国际上的现有活动，以提高可持续采矿和矿物业的透明度和问责制；②加强当地和土著社区及妇女等利益相关者的参与，遵照国家法规并考虑到重大的跨界影响，在采矿的整个生命周期，包括为复原而关闭矿场之后，在矿物、金属和采矿发展方面积极发挥作用；③向发展中国家和经济转型国家提供资金、技术和人才，用于采矿和矿物加工，包括小型采矿，并在适当的时候提供最新科学技术信息和回收与恢复已经退化的场地，从而促进可持续的采矿做法；④酌情向发展中国家的乡村社区提供财政和技术资助，使他们能够在小规模采矿业中得到安全的可持续谋生机会；⑤向发展中国家提供资助，发展提供或保存烹饪和热水用燃料的安全低成本技术；⑥提供自然资源管理方面的资助，以便为贫穷人口建立可持续生计。2012年6月22日，联合国可持续发展大会在里约热内卢落幕，在闭幕式上通过了会议最终成果文件——《我们憧憬的未来》。文件再次承诺实现可持续发展，确保为地球及今世后代，促进创造经济、社会、环境可持续的未来。

为完善我国矿产资源开发政府管理体系，应在可持续发展理论的指导下，贯彻落实矿产资源开发可持续发展行动框架。重点是把矿产资源开发放在整个经济社会领域中进行综合考虑，改变以往的经济发展方式，不能只关心矿产资源开发部门的产出和利润，忽略矿产资源的消费方式。可持续发展理论要求改变矿产资源不可持续的生产和消费方式，在方法上要注重提高矿产资源开发利用效率、注重资源节约等。矿产资源开发政府管理不仅包括矿产资源的管理，而且包括矿业管理即矿产资源产业的管理。

（二）矿产资源开发政府管理的现实基础

1. 中国矿产资源的基本特点

（1）资源总量较大，种类比较齐全。

全国已发现近两百种矿产资源，矿产储量总价值仅次于美国及俄罗斯，位居第三。其中，煤、铁、铜、铝、铅、锌等支柱性矿产都有较大的储量，部分其他矿产资源储量在世界上具有明显优势。

（2）人均资源拥有量少。

中国人口多、矿产资源人均拥有量少，人均矿产资源拥有量在世界上处于较低水平。

（3）优劣矿并存。

矿产资源根据成矿条件、开发利用难度可分为高品位和低品位的矿石。我国既有高品位的矿石，又有低品位的矿石，还有组分复杂的矿石。而且我国的战略性矿产资源中难选冶矿、贫矿、共生与伴生矿多，加大了开发利用的难度，增加了开发利用的成本，影响了在国际市场上的竞争力。

（4）部分资源供需失衡。

金刚石、铂、铬铁矿、钾盐等矿产资源缺口较大。资源结构性矛盾尖锐，大宗矿产相对贫乏。能源矿产资源结构矛盾突出，煤炭消费所占比例过大，能源利用效率低，煤炭燃烧还带来严重的环境污染问题。非能源矿产资源品种齐全，但存在着严重的结构性短缺，铁、锰、铜、铝等大宗矿产可采资源后备储量不足，铬、钾盐严重短缺；钨、锑、锡、稀土等优势矿产富矿多、质量好、储量丰富，但存在出口价格偏低、储量消耗速度过快、资源利用效率不高等问题，资源优势正在下降。

（5）矿产资源分布不均匀。

中国能源矿产资源约80%分布在北方，化工矿产资源的80%分布在南方诸省，铁矿石大部分蕴藏在北方东部地区，有色金属的60%～70%则集中在长江流域及其以南地区。

2. 中国矿产资源开发的现状

中国是世界上最早开发利用矿产资源的国家之一。中华人民共和国成

立以后，矿产资源勘查开发得到了极大的发展，使中国逐步成为世界矿产资源大国和矿业大国。矿产资源是重要的自然资源，勘查开发矿产资源为经济建设提供了大量的能源和原材料，是重要的财政收入来源，推动了区域经济特别是少数民族地区、边远地区经济的发展，促进了以矿产资源开发为支柱产业的矿业城市的兴起与发展，解决了大量社会劳动力就业问题，为国民经济和社会发展做出了重要贡献。但是，我国矿产资源开发中仍存在着一些问题，不仅资源浪费严重，综合利用率不高，而且对环境的污染和生态的破坏也很严重，并影响了矿山周围居民的生产和生活。随着国家积极推进环境保护政策，这种局面正在逐渐扭转，但是问题仍然存在，下面简要分析矿产资源开发中存在的问题，并针对这些问题展开探讨，以探索推进可持续发展的路径。

(1) 生态环境破坏严重。

矿产资源开发所造成的环境污染与生态破坏是造成整个生态系统退化的重要因素，矿区的环境污染和尾矿治理一直是环境保护工作的难点。可将环境和生态问题划分为三大类：环境污染问题、地质问题和生态破坏问题。矿产资源开发所造成的环境污染与生态破坏具体表现在以下几个方面。

第一，采矿活动造成大气污染。在矿山开采过程中，由于废气、粉尘、废渣的排放，造成了大气污染和酸雨，严重污染了矿区和周边地区的大气环境，影响着周边居民的身体健康。

第二，采矿活动导致地质灾害频发。采矿引发的山体滑移、崩塌、滑坡、泥石流等地质灾害时有发生。

第三，大量耕地和建设用地遭受采矿活动的严重破坏。

第四，采矿活动造成森林破坏及水土流失。

第五，采矿活动使矿区水系均衡遭受破坏，产生各种水环境问题。

第六，采矿活动破坏自然地貌景观，影响整个地区环境的完整性。在一些自然保护区、风景名胜区、森林公园、饮用水源地保护区，以及铁路、公路等交通干线两侧的可视范围内，常常可以看到采矿留下的痕迹。不顾环境的采矿行为严重地破坏了自然地貌景观，影响了整个地区环境的完整性。

（2）矿产资源开采秩序需进一步规范。

尽管各地相关部门一直致力于整顿和规范矿产资源开发秩序，并取得了一定的成效，但矿产资源开发秩序仍存在一些问题，主要表现在：一些探矿权人不履行法定义务，“跑马圈地”、“圈而不探”、“以采代探”、越界开采或非法炒卖矿业权；一些企业无证勘查，私控滥采。

（3）矿产企业与矿产地居民关系不和谐。

有些矿产地居民虽不是矿产企业员工，但却生活在矿山周围，其生产和生活往往会受到矿产企业开采活动影响。矿产资源开发时常常没有全面、可持续地带动当地发展，反而对当地的环境和生态以及文化遗产保护造成诸多负面影响。

（4）矿产开发存在安全生产问题。

矿产开发安全生产形势比较严峻，频频发生的矿山安全事故已成为老百姓和国内外媒体关注的焦点。尽管近年来政府监管加强，安全生产状况明显好转，但是安全生产问题仍不容忽视。

二、矿产资源开发中政府管理的职能定位

（一）矿产资源开发中政府管理的内容

1. 矿产资源开发的概念及特点

所谓开发，是指在进行商业性生产或使用前，将研究成果或其他知识应用于某项计划或设计，以生产出新的或具有实质性改进的材料、装置、产品等。矿产资源是天然赋存于地壳内或地壳上的固态、气态、液态物质的富集物，包括所有无生命的、可供人类使用的、天然产出的无机物或有机物，有时又称为矿物资源和燃料资源。矿产资源，是各种矿产的总称，是一个抽象的属概念，具有隐蔽性特征，且具有不确定性，因此矿产资源与自然资源概念一样具有动态性，它的内涵和外延取决于人类对自然界的认识和利用的深度与广度。随着科学技术的不断发展，人类对矿产资源开发利用的广度和深度必然会不断扩展。矿产资源又具有经济性和资源性。从经济角度看，它给开发主体带来经济利益；从资源角度看，它具有不可再生性。不同于一

般产品，矿产资源开发表现出其特殊性：矿产资源的稀缺性与可耗竭性；矿产资源开发的负外部性和风险性；矿产品价格的高波动性；矿业的低产业关联性与资产专用性。

①矿产资源是稀缺的，是亿万年地质演化过程的产物，矿产资源的消耗不同于土地、资本、技术、劳动力等生产要素，矿产资源转化为矿产品的同时，资源也随之消失。因此，矿产资源的稀缺性与可耗竭性，决定了人类在社会生产活动中，必须合理开发、利用和保护矿产资源。

②矿产资源开发不可避免会导致环境污染、生态破坏以及区域可持续发展能力下降，严重影响当地居民的生活与生产发展，造成典型的负外部性；矿产资源开发活动大多在地下进行，作业环境复杂多变，存在许多未知因素，安全隐患多，导致矿难事故多发。企业为了降低成本，追求利益最大化，有时对安全因素的考虑不全面，因此应加大对矿产资源开发活动的监督管理力度。

③矿产资源的稀缺性与矿产资源开发资产专用性强，导致矿产品供给缺乏弹性，进而导致价格波动高于一般产品，当然导致矿产品价格波动性强的还有其他因素，如国家关系中的政治、军事关系等。

④矿产资源开发资产的专用性是指用于矿产资源开发的资产只能用于矿产资源开采，难以用于其他用途。其原因在于：一是矿产资源开发中的固定资产投入比重大，且多属于一次性投入，物质资产专用性强，如采掘机、选矿机、专用冶炼炉等设备用途单一；二是人力资产专用性强，无论是技术人员还是矿工，他们长期从事与矿产资源相关的技术工作和开发工作，很难适应其他行业的工作；三是矿产资源开发主要提供初级产品及原材料，高附加值产品少。

2. 矿产资源开发政府管理的内容

根据《中华人民共和国宪法》《中华人民共和国矿产资源法》等法律的规定，矿产资源属于国家所有。矿产资源管理是指国家运用法律、经济、行政、科学技术等手段对矿产资源的各种开发行为进行规范和调整的行政管理活动，其目的是协调矿产资源开发利用与经济、社会的关系，以保护资源、改善环境、促进经济社会可持续发展。具体而言，矿产资源开发政府管理分矿业权审批登记管理、保护和监督管理、矿业权市场管理和规费征收管理四部分。

①矿业权审批登记管理。矿业权是探矿权、采矿权的总称。《中华人民共和国矿产资源法》第三条第三款中规定："勘查、开采矿产资源，必须依法分别申请、经批准取得探矿权、采矿权，并办理登记。"探矿权和采矿权存在不可分割的内在联系，探矿权是采矿权的前提与基础。探矿权，是依法申请，经批准登记、缴纳探矿权使用费和探矿权价款，取得勘查许可证，在批准的范围、期限内，按批准的工作对象、工作内容进行勘查工作的权利。采矿权是矿产资源所有权派生出来的一种他物权，是指依法申请，经批准登记，取得采矿许可证，在批准地域范围和规定的期限内，对批准许可开采的矿产及其共生、伴生矿种进行开采的权利。

②保护和监督管理。矿产资源保护和监督管理，是矿产资源行政管理的重要内容，是根据相关法律、法规的规定，在各级政府赋予的职能范围内，由自然资源部门或相关机构对矿产资源开发依法进行的监督管理，目的是保护矿产资源合理利用。我国的矿产监督行政管理机关有三个层次：自然资源部；省、自治区、直辖市自然资源部门；地（市）、县自然资源部门。

③矿业权市场管理。根据矿业权的供需关系，矿业权市场可分成两种：一级市场和二级市场。矿业权一级市场又称矿业权出让市场，是探矿权和采矿权的有偿出让市场，国家与受让方在一级市场上开展纵向经济行为。自然资源部门代表政府向受让方包括各类企业主体，如国有、集体、个体、合资和外资矿产企业提供探矿权和采矿权，收取探矿权和采矿权使用费等。出让方式包括申请授予、协议（委托）出让、招标出让、拍卖、挂牌出让等。

矿业权二级市场又称矿业权转让市场，是指探矿权、采矿权的依法有偿转让市场，平等主体间在二级市场上开展横向经济行为。在二级市场中矿业权人是市场的供方，其他企业则是市场的需求主体。转让方式包括出售、交换、作价出资、赠予、继承等。无论是一级市场，还是二级市场，矿产资源归国家所有的财产属性不变，维护国家在矿业权流转中的权益，是矿业权市场管理的重要内容。

④规费征收管理。国家实行矿产资源有偿取得制度。采矿权人应依法

缴纳矿产资源补偿费和采矿权使用费。采矿权使用费是指国家将矿产资源采矿权出让给采矿权人,并按规定向采矿权人收取的使用费。矿产资源补偿费,是指国家作为矿产资源所有者,依法向开采矿产资源的单位和个人收取的费用。矿产资源补偿费属于政府非税收收入,全额纳入财政预算管理。国家征收资源补偿费的目的,在于维护国家对矿产资源的财产权益,促进矿产资源的勘查与开发,合理利用和保护资源。

3. 矿产资源开发政府管理的目标

(1) 目标设定与目标管理理论。

①目标设定理论。

目标设定理论是管理学兼心理学专家洛克于19世纪60年代提出的,他认为目标本身就具有激励作用,目标能把人的需要转变为动机,使人朝着一定的方向努力,并将自己的行为结果与既定的目标相对照,及时进行调整和修正,从而实现目标。有效的目标设定可以提高绩效和生产力。一个良好的目标应该具有五个特质,即SMART,具体含义如下:明确(specific),确定某件事必须改善或维持;易于评估(measurable),目标应包含数量、品质、期限等,可以很明确地衡量;合理(attainable),设定的目标应该具有挑战性,它不应太难(根本无法完成)或太简单(不具挑战性);相关性(relevant),确定由某人负责;及时性(time-bound),当前亟待解决的问题应成为主要目标。政府在制定矿产资源开发管理的目标时也应遵循这几个原则,即矿产资源开发状况需要改善,准确评估我国矿产资源的开发现状及进行供需预测分析,国家和地方政府设定的矿产资源开发管理目标是能实现的且具有一定的挑战性,明确规定负责的部门或责任人,先处理矿产资源开发中亟待解决的问题。

②目标管理理论。

目标管理是一种要求管理者在事先确立目标的基础上,通过层层分解、展开目标,并且经过分权而使下层享有充分的自主权,然后创造性地达到预期目标的管理方法。目标管理理论和方法在政府管理中得到广泛运用。目标管理既包括自上而下的目标设定、分解和量化过程,也包括自下而上的员工参与自身目标设置的过程。因此,矿产资源管理目标的设定要保障沟通渠道的畅通，并考虑我国经济发展情况和各省的省情、矿情，同时地方政府矿产资源管理目标的设定要依据国家法律法规及各项方针政策。在目标管理过程中，目标设定工作需要以大量的信息为依据，因此在矿产资源开发管理过程中，应当大力推进电子政务，加快信息交流与反馈。要充分利用计算机和互联网技术，发展电子政务，加强与群众的沟通交流，做到管理工作公开化、透明化。

(2) 矿产资源开发中中央政府的管理目标。

为应对工业化进程对矿产资源不断扩大的需求总量，应加强矿产资源的调查、勘查、开发、规划、管理、保护与合理利用。中央政府有关矿产资源保护与合理利用的总体目标是：提高矿产资源对促进经济社会发展的保障能力；促进矿山生态环境的改善；创造公平竞争的发展环境。为全面实现总体目标，一方面要实施可持续发展战略，走新型工业化道路，努力提高矿产资源对经济社会发展的保障能力；另一方面要最大限度地发挥矿产资源的经济效益、社会效益和环境效益。

(3) 矿产资源开发中地方政府的管理目标。

每个地方的矿情不同，面对的问题不同，地方政府管理的目标也不同。随着经济社会的不断发展，为全面贯彻落实科学发展观，促进矿产资源开发利用与保护，健全和完善与社会主义市场经济相适应的矿产资源管理体制，不断提高矿产资源对地区经济社会发展的支撑与保障作用，各地坚持节约资源和保护环境的基本国策，依据相关法规及国家有关产业政策和各地经济社会发展规划，编制矿产资源规划，并明确提出各自的矿产资源开发管理目标。

(二) 矿产资源开发中政府管理的职能定位

从以弗里德曼为代表的学者提出现代货币主义理论开始，一大批学者从不同的角度提出了许多理论，主张合理界定政府职能，反对政府对经济社会生活的全面干预，提高政府工作效率，减轻政府财政负担。从人类社会发展的历程来看，每个国家的政府职能都是随着本国经济社会发展的要求和所面临的问题而不断调整和变革的。政府职能定位是由政府在不同历史发展阶段中的使命决定的。

1. 我国矿产资源开发中政府管理的职能定位

我国政府职能已经成功地完成了从直接管理到间接管理、从微观管理到宏观管理、从划桨者到掌舵者的转变。中共十六届五中全会明确提出，政府职能转变是“十一五”期间全面深化改革的重点。《中国国民经济和社会发展“十一五”规划纲要》提出：“建立决策科学、权责对等、分工合理、执行顺畅、监督有力的行政管理体制，加快建设服务政府、责任政府、法治政府。”十八大报告指出：“要按照建立中国特色社会主义行政体制目标，深入推进政企分开、政资分开、政事分开、政社分开，建设职能科学、结构优化、廉洁高效、人民满意的服务型政府。”“推动政府职能向创造良好发展环境、提供优质公共服务、维护社会公平正义转变。”十九大报告指出：“转变政府职能，深化简政放权，创新监管方式，增强政府公信力和执行力，建设人民满意的服务型政府。赋予省级及以下政府更多自主权。在省市县对职能相近的党政机关探索合并设立或合署办公。深化事业单位改革，强化公益属性，推进政事分开、事企分开、管办分离。”

在矿产资源开发管理过程中，中央政府的主要职能是对矿产资源开发提供制度和法律保障，并对全国矿产资源开发做好布局规划，完善矿产资源开发公共服务机制，保障矿业市场健康有序发展，建立开放型资源模式，把国内矿产资源市场培育完善为能与世界经济接轨的开放型市场，积极主动参与全球资源配置，建立全球资源供给体系，确保国家经济安全和战略储备安全。在中国，国家拥有矿产资源的所有权，即中央政府代表国家行使所有权人的相关权利，但政府不仅行使所有权的权利，同时还行使对矿产资源的行政管理和以市场参与者身份参加矿业权的出让。政府拥有多重化角色，在一定程度上制约了矿业权市场的发展。中央政府要加强矿产资源开发的宏观管理，在具体的矿产资源管理方面减少对地方政府的干预，把更多的精力放在制定战略规划、政策法规上。同时应正确处理政府干预和市场机制的关系。为促进矿产资源可持续发展，政府应当在发挥市场机制功能的基础之上，进行适当干预，回归到做好公共服务的职能定位上来。不该管的不管，不该干预的不干预，管多了，反而管不好，干预过多，难以发挥市场在资源配置中的决定性作用。因此，在矿产资源管理中，政府职能定位要明晰，要实现由管制型政府向服务型政府转变。

2. 服务型政府的相关理论

依据新公共服务理论建立的公共服务型政府是指按照公众的意愿和偏好提供公共物品和服务，以回应公民和社会的需要为政府职能定位，强调对公共服务的提供是按照公民的意愿提供的，追求的根本目标是公民满意。服务型政府首先要求政府从全能政府转变为有限政府，改变政府直接控制生产、交换、分配的每一个环节，几乎垄断资源配置、收入分配等所有职能的状况，将政府职能定位在政策制定、秩序维持、体制创新、社会整合等方面，坚持弥补市场失灵和补充性原则，从而实现市场职能与政府职能的协调。全能政府是指政府无所不能、无所不包。在经济上表现为，自己决策、自己立项、自己开发、自己监管，这样不仅会破坏市场经济的运行规律，而且带来资源的严重浪费、环境的严重破坏。因此，应该科学定位政府职能，扭转全能政府的被动局面，实现由全能政府向有限政府的转变。在全能政府模式下政府的能力相对分散、管理效率低下，而且造成社会对政府的高度依赖。这种强政府、弱社会的结构使各种社会事务事无巨细地都依赖政府的管理，从而使政府机构严重膨胀，抑制了社会组织和企业的活力。因此，在现代市场经济条件下，凡是市场与社会能自我调节的内容，政府就应自动退出，实行政府与市场主体严格归位。政府把精力主要集中于规则的制定和实施上，营造一个有利的环境，为市场经济的健康发展提供公平的社会环境。

服务型政府是为公民提供服务的责任政府。服务型政府主要应响应两个方面的要求。一是政府要及时回应公民需求，积极履行政府责任。公共服务中的责任问题很复杂，它意味着要对一个复杂的外部控制网络中的竞争性规范和责任进行平衡，它涉及职业标准、公民偏好、道德问题、公法以及最终的公共利益等方面。二是政府机关及其行政人员应承担政治责任、行政责任、法律责任和道德责任，从而更好地对公民负责。弗雷德里克森认为，在民主政治环境中，公共管理者最终应向公民负责。正因为公共管理者承担这种责任，公共管理工作才显得崇高神圣。在我国，建立责任政府首先应树立全心全意为人民服务的观念，树立国家的主人是人民，政府工作人员是人民公仆的观念；其次要把服务理念落实到行动上。坚持以“五位一体”

(经济建设、政治建设、文化建设、社会建设和生态文明建设五位一体、全面推进)和“五大发展理念”(创新、协调、绿色、开放、共享的发展理念)等为指导提供有效的、高质量的服务,让人民满意。同时还应认清政府与人民不是管理与被管理的关系,而是服务与被服务的关系,切实解决政府权力部门化、部门权力个人化、个人权力利益化问题。在矿产资源开发管理方面,政府通过提供服务,引导我国矿产资源经济与矿业的发展,实现矿产资源开发和矿业经济健康有序发展。当然,服务型政府并不是只服务不管其他,要真正做到为人民服务,该提供服务的就提供服务,该加强监管的就加强监管。

(三) 矿产资源开发中政府职能定位存在的问题

1. 矿产资源开发中中央政府职能定位存在的问题

国家既是矿产资源所有权主体,又是矿产资源的行政授权主体。这就导致在政府管理中易出现两类问题:公权力主体越权配置矿产资源;矿业管制和监督缺位。

①公权力主体越权配置矿产资源。政府基于矿产资源归国家所有的权力,在一级市场通过行政许可、招标、拍卖控制矿产资源的配置;在一级市场将探矿权、采矿权出让之后,在二级市场中,政府本应允许其自由流转,不应再过多地参与具体转让行为,只能以裁判员的角色来参与矿业权转让。但现实中,政府既是所有权代表,又是行政管理者,致使政府的行政管理间接甚至直接地干预矿产资源配置,如果干预力度及方式不当,将严重阻碍产业健康有序发展。

②矿业管制和监督缺位。矿产资源是不可再生的耗竭性资源,我国的矿产资源既要最大限度地满足国家经济和社会发展对矿产资源的需求,又要给后代留下生存和发展所需的矿产资源。因此,矿产资源领域的对外合作、资源战略储备等方面的宏观调控权应由中央专属,不能下放给地方。管理链条太长,难免存在监督管理职能难以履行到位的情况。

矿产资源开发中中央政府职能定位存在问题的原因如下。

①管理理念方面的原因。政府是社会管理的行政主体,为社会提供公共服务责无旁贷。

但是，一些管理者深受传统管理模式的影响，认为政府职能的实现是建立在对人、对下级机构的严格控制、监督之上的。在履职过程中，不是针对社会发展的需要提供相应的服务，而是自行决定提供怎样的服务，不去广泛征求大众的意见，了解他们的需求，群众只能被动地接受。政府与群众之间不是服务与被服务的关系，而是一种管理与被管理的关系。因此，政府应遵循经济社会发展规律，转变管理观念，实现由管制型政府向服务型政府转变。

②法律制度方面的原因。为了发挥市场机制，高效配置矿业权，应当减少政府部门对矿业权市场的干预，防止政府越位配置矿产资源。应该进一步修订和完善相关法律法规，一方面要逐步减少审批出让的比例，规范审批程序，另一方面要进一步完善探矿权和采矿权申请、延续、变更、注销等相关管理制度，严格规范市场交易规则和程序。

③矿产资源管理体制方面的原因。矿产资源管理体系不健全，矿产资源开发会产生负外部性，而且往往无法彻底消除，单靠政府的力量解决不了全部问题，应培育具有权威性、专业性、独立性的行业组织和协会，充分发挥行业组织和协会在市场监管与服务方面的作用，形成多元共治的管理模式。

2. 矿产资源开发中地方政府职能定位存在的问题

虽然我国各省的省情和矿情都有所不同，但是在矿产资源开发职能定位中存在一些共性的问题，如地方政府在矿产资源开发管理中存在一些缺位和越位现象。

①缺位。在相当长一段时期内，单纯追求 GDP 增长的发展理念使政府在管理中忽视了安全生产、环境保护等公共利益的维护。一些地方政府没有认识到矿产资源在国民经济中的重要作用，往往只注重眼前利益而忽视了长远利益，注重地方利益而忽视了国家利益，在监督管理中存在缺位现象。

②越位。一些地方政府越权违规审批矿业权。矿产资源开发存在负外部性，造成了大气污染、地下水和河流污染等环境问题。用于治理、恢复因矿产资源开采被污染的环境的费用，被挪作他用的现象时有发生，如用于办公用房的建设、改造等，导致因矿产资源开发遭受影响的环境和当地居民得

不到应有补偿。一些地方政府直接、间接开办矿产企业或者控股矿产企业。一些地方政府为了当地财政收入和经济增长，过度强调当地矿产资源的本地消化利用。

矿产资源开发中地方政府职能定位存在问题的原因如下。

一方面部分政府官员责任意识淡薄，缺乏环保意识；另一方面公民问责意识淡薄，对政府的决策、管理、执行等行政行为的参与程度不够。同时，不应单纯以 GDP 增长、经济的发展等作为依据对地方发展进行判断，否则必然会导致地方只注重发展经济而不注重环境保护。

（四）完善矿产资源开发中政府管理职能定位的路径

明确了政府在矿产资源开发中职能的越位与缺位问题之后，当然有必要界定政府在矿产资源开发中的具体职能，并在此基础上将政府职能明确化、规范化、法定化。关于政府在矿产资源开发中的职能，学者们不乏论述。例如，有学者认为矿产资源开发中政府的基本职能是提供公共服务，进行矿业权市场管理，发挥宏观调控职能，保障资源安全供给。有学者将矿产资源开发中的政府职能定位为制定并落实矿产资源开发政策；发挥引导职能，合理利用矿产资源优势；发挥管理职能，促进矿产资源开发有步骤地进行；发展协调规划职能，推动矿产资源开发的协调性；发挥服务职能，创造矿产资源开发的有利外部环境等。还有学者将矿产资源开发中的政府职能定位为制度创新、宏观规划、协调和控制职能，信息服务和保护职能等。总之，学者们关于矿产资源开发中政府职能的定位仁者见仁、智者见智。这些观点，对于从不同角度认识和把握政府在矿产资源开发中的职能均有帮助。矿产资源开发离不开政府宏观经济管理职能的发挥，而要有效地发挥政府的职能，就必须在更新观念的基础上对传统的政府职能重新进行定位。但是也应看到由于各种因素的制约或影响，矿产资源开发中政府职能错位或者失灵的现象仍旧存在。为此，各级政府必须首先根据矿产资源开发的客观需要，全面转变政府职能，重点做好以下几个方面的工作。

（1）采取有效措施促进政府职能由微观管理转向宏观管理。作为市场经济微观主体的企业往往是矿产资源开发的主力军，但它所追求的是生产利润和经济效益。因此，对企业的开发行为，要通过市场机制与手段来引导，通过法律手段来约束和规范，而不是简单地直接进行行政干预。这要求政府在矿产资源开发中善于运用经济手段，发挥市场配置资源的决定性作用，刺激和服务各类经济主体，进一步加强政府的宏观管理职能。在矿产资源开发中，政府应当做到政企分开、政事分开、政社分开，培育矿业权市场，引导、规范市场行为，强化市场监管及社会服务。

(2) 采取有效措施促进政府职能由部门性管理向统一集中管理转变。在矿产资源开发中要充分发挥自然资源部门的综合管理职能，协调好矿产资源开发与土地管理的关系。与此同时，在矿产资源开发中，科学划分中央政府和地方政府的职能，该下放的下放，该上收的上收。应当立足全局，放眼长远，为矿产资源开发的全局服务，为可持续发展服务。在市场经济条件下，政府的矿产资源开发管理职能要实现矿产资源管理与矿业管理并重。只有科学转变政府的职能，矿产资源开发才能走可持续发展的道路，最终才能保障我国资源安全，促进矿业健康有序发展。

(3) 采取有效措施促进政府职能由传统的行政性职能转向服务性职能。在矿产资源开发中，应该以经济手段为主，综合运用经济的、法律的、技术的和必要的行政管理手段，使矿产资源管理及矿业管理在市场经济体制内实现可持续发展。在矿产资源开发中，政府职能由行政职能向服务职能的转变应做到：①把职能的核心切实转移到为市场、为企业服务上来；②政府可以利用行政机构的自身优势，为市场主体提供优质、高效的办事服务，优化矿产资源开发的软硬件环境。

要合理界定矿产资源开发中的政府职能，必须正确处理政府与市场的关系，要从经济社会发展的具体情况出发，并根据我国矿产资源的基本特点、供需形势，以及当前工业化发展所处的阶段来确定政府职能。基于这样的考虑，可对中央政府和地方政府在矿产资源开发中的主要职能做出如下的界定。

1. 矿产资源开发中中央政府的基本职能

根据中央政府在矿产资源开发中所担负的责任，可以将其主要职能划分为直接职能与间接职能两个方面。所谓直接职能，就是指中央政府及自然资源部门直接就矿产资源开发工作所担负的职能，主要包括以下四个

方面。

①制定矿产资源开发所需制度的职能。在矿产资源开发中，中央政府所制定的各类制度具体包括矿产资源开发的各项方针政策、矿产资源开发方面的法律制度等。中央政府应当为矿产资源开发制定系统、完善的政策及法律制度。运用矿产资源政策加强对矿业活动的宏观调控，有利于合理利用资源，发挥市场在资源配置中的决定性作用。

②对矿产资源开发工作的规划、引导与协调职能。其主要包括对矿产资源开发中地方自身难以解决或者无法解决的事务进行协调，例如跨地区的环境保护与资源开发的矛盾冲突等。矿产资源开发是一项系统工程，涉及多方面的工作和多种关系，客观上需要各级政府尤其是中央政府有效行使规划、引导与协调职能。需要中央政府重点做好矿产资源规划、重要战略资源储备、矿产资源对外合作等方面的宏观协调工作。在生态文明建设方面，中央政府还应做好资源环境保护与可持续发展规划，加快产业结构调整，优化矿产资源管理体制，促进科技创新，发展循环经济、低碳经济、绿色矿业，从而积极引导矿产开发健康、顺利推进。

③为矿产资源开发提供公共服务的职能。应通过全国矿产资源统计、预测预警信息平台建设及信息发布，全国矿业权登记审批电子政务系统的建设与维护，全国地质资料管理信息系统平台建设与维护，以及对全国行业协会、中介机构的监督管理，保障矿业市场健康有序发展。

④积极主动参与全球资源配置的职能。立足国内，放眼全球，充分利用两种市场、两种资源，构建我国资源供给体系，确保国家经济安全和战略储备充分。

所谓间接职能，就是指中央政府所担负的虽然与矿产资源开发工作无直接关系，但对矿产资源开发会产生不同程度影响或者作用的职能，例如，中央政府运用国家资源为国民经济的健康发展营建良好社会环境与发展环境的职责，从国家经济社会发展的总体状况出发加强宏观管理与协调的职能等。在某种意义上，可以说中央政府所担负的矿产资源开发以外的各项经济社会发展职能均对矿产资源开发有程度不同的间接作用。

2. 矿产资源开发中地方政府的主要职能

地方各级政府在矿产资源开发中除了根据各自的权限与能力供给相关制度资源，例如地方行政规章与行政规范性文件等，还可以通过经济手段，如减免税费、贴息贷款、投资补贴等方式广泛吸引各种国内外投资用于开发建设等。在矿产资源开发中，地方政府的主要职能如下。

①执行职能，即在本行政区域内负责贯彻执行国家矿产资源开发方面的各项方针政策、相关法律制度，以及进行各项具体工作部署等职能。

②调控职能，即对行政区域内的各项开发项目进行宏观调控的职能，包括对本区域内的项目开发工作进行规划、引导、综合平衡等。

③协调职能，即对本行政区域内的不同地方、不同部门、不同行业在矿产资源开发中发生的争议、冲突或者其他不宜由所属下级政府部门等做出处置的事项，例如本行政区域内跨市环境保护与资源管理问题等进行协调与处理的职能。

④监管职能，即对本行政区域内的矿业权市场及矿产资源开发各项工作依法加强监督管理的职能，例如对矿产资源开发项目的监管、对矿产资源开发行为的监管等。

⑤服务职能，即通过不断优化开发建设的社会环境与法律环境，通过不断改进政府行政工作，提高依法行政的水平与能力，为矿产资源开发中的各类市场主体提供优良服务的职能。包括提高行政办事效率、降低市场主体参与行政的成本、依法帮助或者解决市场主体在发展中所面临的困难和问题等。与此同时，还要采取有力措施加快培育矿业权市场的中介组织。矿业权市场交易涉及的关系比较复杂，需要借助中介机构的有效服务，实现矿业权交易的顺利进行。

⑥保护职能，即通过建立健全群众监督机制，优化行政救济制度，严格、公正执法等途径，切实保障开发建设过程中所涉及的各方当事人的利益，构建和谐发展的良好社会环境。

当然，在矿产资源开发中，政府应当发挥有限的、适度的干预作用，要充分发挥或者强化市场机制在矿产资源开发中的作用。政府在对矿产资源开发进行有效、适当干预的同时，还须严格按照市场经济规律办事，在市场机制可以发挥良好效用的领域应当积极运用必要的、适宜的市场机制来做好矿产资源开发各项工作。例如，就资源配置问题而论，对于矿产资源开发中的各类竞争性项目甚至基础性项目，除必须采取政府宏观调控的事项之外，都应该积极运用市场机制进行开发，政府不应当进行过多的低效率的干预；对于重要战略性资源等短缺资源，除利用必要的行政手段进行合理分配或者调控之外，还应当广泛运用价格、税收等经济手段进行调控。

三、矿产资源开发中的政府管理机制

（一）矿产资源开发利益分配机制

1. 利益分配机制

第一，从权利划分上看，依据产权理论，矿产资源既是资源，也是资产。依附矿产资源所产生的权利不仅包括矿产资源所有权，还有矿产资源使用权。当前我国实行矿产资源所有者与经营者分离，所有者拥有矿产资源所有权，享有所有权收益；经营者拥有矿产资源使用权，享有矿业权收益。也就是说，矿产资源所有权人与使用权人凭借各自不同的产权分享矿产资源开发收益。

第二，从中央与地方经济关系的产生来看，国家是矿产资源所有者，虽然宪法规定由国务院行使矿产资源所有权，但在现实中，矿产资源收益初次分配主要在中央机构及其授权的地方机构之间进行。矿产资源开发利益分配，主要是在矿产资源收益初次分配后，再在中央和地方之间对矿产资源补偿费等收益进行政府内部分配。中央政府是国有产权收益代表者，地方政府是管理参与者，矿产资源补偿费在它们之间呈现出多级分配的经济关系。

第三，从政府的经济管理职能看，社会主义市场经济条件下，政府主要是对经济活动进行宏观管理、市场监管和社会服务。具体到矿产资源领域，一是综合运用信贷、税收等经济杠杆，二是制定矿业权市场规则、培育矿业权市场，为所有的经济主体提供宏观政策和投资环境，实现矿产资源的高效合理、可持续利用。各级政府作为行政管理者，为矿业投资者、矿业权人提供公共服务。按照生产要素分配理论，政府是矿产资源开发收益的相关者，理应参与矿产资源开发利益分配，以维持其不断提供公共服务的能力。

第四，从劳动力要素来看，矿产企业的生存与发展离不开矿产企业职工的辛勤劳动，矿产企业职工在矿产资源开采过程中，付出自己的劳动以获得报酬。矿业职工的体力或者智力是矿产资源开发、产生收益过程中不可或缺的劳动力要素，他们所获得的报酬也是矿产资源收益中的一部分。

第五，从资源与土地的关系来看，由于矿产资源往往依附于土地，在矿产资源勘查开采过程中必然涉及土地的使用问题。矿产资源开发无疑提供了重要的物质基础，产生巨大的经济效益，但也带来了环境污染、生态破坏等问题，影响当地居民的生产生活。在建设生态文明的背景下，应当在相关主体获得矿产资源收益的同时，考虑安排一部分矿产资源收益用于解决此类问题。

2. 矿产资源开发利益分配主体

现阶段我国实行以按劳分配为主体、多种分配形式并存的分配制度。在矿产资源开发收益分配过程中，允许和鼓励资本、技术等生产要素参与收益分配。按劳分配和按生产要素分配两者结合的分配制度符合市场经济发展要求。当前参与矿产资源开发的利益分配主体有矿产资源所有者（国家）、中央政府、地方政府、矿业权人（矿产企业）、矿业职工、矿产地居民等。下面对主要的利益分配主体进行分析。

(1) 各级政府。

矿产资源的管理涉及中央政府的多个职能部门，它们各自行使对矿产资源的管理职能，自然资源部是矿产资源行政管理的最高管理部门，是矿产资源法律法规和相关政策制定颁布的主要机构。同时，国家发展和改革委员会、商务部、生态环境部、国家税务总局等部门根据各自的职责行使其相应的矿产资源管理职能。地方政府据上级部门规划，行使其职责范围内的矿产资源管理职能。

(2) 矿产企业。

矿产企业欲开发利用矿产资源，取得矿产资源的使用权是前提条件。获得矿产资源使用权的人被称为矿业权人。在我国，矿业权人又分为探矿权人和采矿权人。矿业权人通过矿业权一级、二级市场，可以实现探矿权、

采矿权流转。实行矿业权有偿取得制度为矿业权的市场流转提供了经济基础。投资主体的多元化为探矿权、采矿权的流转提供了市场环境。矿产企业依法获得探矿权和采矿权，是对矿产资源进行勘探、开采的主体，是距离矿产资源最近的基层单位，也是矿产资源的直接利益相关者。

(3) 矿产地居民。

矿产企业为了降低吸纳劳动力的成本，往往选择在矿产地周围区域寻找合适的劳动力，矿产地居民可以从矿产资源的开采中获取工作机会、消费需求、基础建设等方面的经济效益。与此同时，矿产资源的开采、运输破坏了矿区周围的资源环境，给矿产地居民带来了直接影响，损害了其利益。

3. 利益分配机制存在的问题

矿区所在地只能在税费收入中获取极少一部分，从资源开发中获得的收益十分有限，但却要承受资源开发造成的环境污染、生态破坏等外部性影响，不仅不利于资源开发补偿，更不利于生态补偿。

矿产地居民利益被忽视。矿产企业为追求高额利润，采富弃贫、采主丢副、滥采滥挖的现象屡禁不止，导致资源浪费、生态破坏严重，严重影响了矿产地居民的正常生活和矿区永续发展。

(二) 矿产资源开发管理公众参与机制

1. 公众参与机制的一般阐释

公众参与是指政府之外的个人或社会组织通过一系列正式的和非正式的途径直接参与到政府公共决策中，并有权发表意见和要求行政主体对所发表的意见予以重视。它包括公众在公共政策形成和实施过程中直接施加影响的各种行为的总和。公众参与是伴随着现代民主政治、法治、人权发展和国家职能的转变，公民参政权在行政领域的具体体现。一方面能够避免产生不当的行政决定并给当事人造成难以弥补的损失，另一方面有利于加强对行政权运行的监督，促使行政主体依法行政。目前常采用的公众参与机制是听证制度。

虽然听证能进一步促使行政行为的公正合理，但听证也需要耗费大量的人力和财力，不利于行政效率的提高，所以，在行政实践中并不是所有的行政行为在做出之前都要进行听证。可以根据行政程序的繁简程度与事件性质的轻重决定是否需要进行听证。在我国行政实践中,听证主要适用于以下四种领域:立法听证、价格听证、行政处罚听证、行政许可听证。

2. 矿产资源开发管理领域的公众参与机制

公众参与机制在环境资源领域的应用,主要集中于环境影响评价和城市建设规划两方面,发展至今已有相对成熟的模式,并得到了一定的法律保障。如《中华人民共和国环境影响评价法》第五条、第十一条、第二十一条等对公众参与的主体、范围、方式,对公众意见的处理等做了具体的规定,保障了公众环境决策参与权的落实。但许多规定仍然比较笼统,在具体操作时实施较困难,需要制定比较详细的实施细则,将原则性规定具体化,以便于实施,且公众参与的事务范围仍比较窄。

矿产资源开发管理公众参与机制,就是政府与社会民众之间通过一种合法、合理和公平的渠道,就矿产资源开发中的政策、决策、重大事项的解决等行政外部行为进行协商、协调的机制。就公众而言,它是公众及其代表根据法律赋予的权利和义务参与矿产资源开发管理的活动;就政府而言,它是政府部门依靠公众的智慧和力量,制定矿业政策、法律、法规,确定矿业开发项目的可行性,监督矿产资源开发活动的实施,保护资源环境的过程与方式。由于在不同的矿产资源开发阶段,对自然资源环境的利用与开发程度不同,所需的地质等专业知识不同,因此公众参与的程度也不相同。一般认为,整个矿产资源开发过程可分为早期矿产勘查、后期矿产勘查以及矿产开发三个阶段。在早期矿产勘查阶段,主要完成基础地质填图、物化探以及早期的资源储量评价工作,属于专业性、探索性很强的活动,一般不会造成环境资源的破坏,所以公众在这一阶段的参与程度不宜过高,知情即可。在后期矿产勘查阶段,如详查、勘探工作中,按照目前的环境保护要求,无论是修建简易公路,还是开展钻探工程等,都需要进行初步的环境影响评价。公众在这一阶段有权向自然资源部门提出建议,以期影响最终的环境影响评审结果。在最后的矿产开发阶段,由于采矿本身是对自然资源的耗竭,而且会对矿区生态环境产生影响,这一阶段最需要公众参与。公众基于公共利益,通过与政府管理部门的配合,阻止少数人或集团因追求利益最大化而对资

源造成浪费、对生态造成损害。

3. 建立矿产资源开发管理公众参与机制的意义

(1) 优化国家矿产资源管理。

公众参与有利于监督与优化矿产资源管理。矿产资源开发与公众有直接或间接的利益关系,作为受到影响的一方,公众的参与对政府决策的制定、执行具有重要影响。公众参与可以汇集各界人士的意见,使决策更为科学合理;还可以加强公众的监督作用,无疑有利于提高国家管理矿产资源的效率和效能。

(2) 提高决策的科学性。

公众尤其是矿产地居民对其居住和生活的地区环境更加熟悉,更了解自身日常生活对环境的需求情况,而这些信息正是制定矿产资源规划方案和管理措施的客观依据。在进行矿产资源利用状况及矿产资源供需情况调查时,公众能够提供矿产资源利用结构、分布状况、利用现状、存在的问题等方面的翔实信息,为管理部门提供决策依据。公众参与矿产资源管理有助于客观真实地反映矿产资源利用状况。公众的适当参与,可以发挥广纳信息和集思广益的作用,可以帮助管理部门及早发现问题,掌握当地居民关切的事项,制定应对策略,避免在决策末端才发现问题,陷入进退两难的境地,造成资源浪费。

(3) 增进公众的认同感、接受度。

设立公众参与平台就是让各方利益相关者能够心平气和地沟通、交流,维护各方的合法权益。通过公众参与平台,各种利益集团如矿业投资者、矿产企业、矿产企业职工、矿产地居民及当地政府能够充分表达各自不同的利益诉求,通过利益衡量,寻求利益共存或利益妥协的方式和途径,以减少因资源开发和环境保护方面的冲突引发的矛盾,从而使矿业活动顺利实施。而且要使矿产资源利用总体规划符合绝大多数公众的利益,就需要在规划编制前期和过程中提供公众广泛参与的平台,让他们有机会表达自己的意愿和要求,规划制定者应当在规划方案的制定过程中,考虑公众的诉求,这样既有利于资源的顺利开发,又有利于资源节约与环境保护。

4. 矿产资源开发管理公众参与机制存在的问题

（1）公众参与的法律保障机制不够健全。

随着经济社会的快速发展，我国政府逐渐明确了环境资源保护中公众参与的地位，并不断通过法律法规加大保障力度。1996年8月3日发布的《国务院关于环境保护若干问题的决定》中就强调："建立公众参与机制，发挥社会团体的作用，鼓励公众参与环境保护工作，检举和揭发各种违反环境保护法律法规的行为。"2002年颁布的《中华人民共和国环境影响评价法》和《清洁生产促进法》又对公众参与环境保护的途径做了具体的规定。《全国矿产资源规划(2008—2015年)》中也明确提出："扩大公众参与，加强规划宣传。各级矿产资源规划编制要采取多种方式和渠道扩大公众参与。规划批准后及时公告实施，充分利用新闻、报刊、广播、网络等进行广泛宣传，提高社会对矿产资源规划的认识，提高依法勘查、依法采矿、依法管理的自觉性和主动性，促进规划的顺利实施。"但我国在公众参与立法方面还有一些不够完善的地方：一是没有确立公众参与环境资源管理和保护的权利；二是没有明确公众参与环境资源管理和保护的程序；三是缺乏妨碍公众参与环境资源保护的制裁措施。

（2）公众参与程度低。

在公众参与主体方面，部分公众认为他们的意见并不会对政府决策产生影响，所以积极性不高。参与主体往往只有政府官员、经营群体等。公众参与的组织程度低，能代表他们利益的群体较少，这种分散性和无序性造成其参与政府管理的难度较大。

（3）公众参与途径和渠道不畅通。

公众参与途径和渠道不畅通，一是由于部分管理者在认识上存在偏差，将公众参与作为矿产资源规划和管理中可有可无的环节，矿产地居民没有在矿产资源开发项目决策中发挥应有的作用；二是公众缺少必要的信息资源，有效参与无从谈起。

（4）矿产资源开发监管机制不健全。

矿产资源开发引发的资源浪费及环境破坏问题与监管机制的不健全直接相关。由于在矿业权人勘查开采监管、矿产资源合理开发利用监管等方

面存在不足，导致无证勘查、开采等违法违规行为不断出现。违法违规开采行为不仅造成矿产资源的严重浪费，而且由于缺乏相应的环境保护措施，造成环境污染和生态破坏严重。

（三）矿产资源开发生态补偿制度

1. 矿产资源开发生态补偿制度的建设现状

（1）生态环境补偿费的征收情况。20 世纪 90 年代很多省市纷纷出台文件开始征收生态环境补偿费，征收的标准不尽相同，在不同的地方其名称也略有不同，但其实质均为生态环境补偿费，主要用于环境的治理与恢复。至 21 世纪初，许多地方停止征收生态环境补偿费。

（2）矿山地质环境治理恢复保证金及矿山地质环境治理恢复基金的征收情况。2005 年《国务院关于全面整顿和规范矿产资源开发秩序的通知》中明确要求“探索建立矿山生态环境恢复补偿制度”“财政部、国土资源部等部门应尽快制订矿山生态环境恢复的经济政策，积极推进矿山生态环境恢复保证金制度等生态环境恢复补偿机制”。随后，国家层面及各地政府都制定了有关矿山地质环境治理恢复保证金的征收办法及制度等。明确了矿产开发主体的责任和义务。矿山地质环境治理恢复保证金遵循企业所有、政府监管、专款专用的原则，矿山环境治理以矿产企业治理为主，政府治理为辅。2017 年发布的《财政部、国土资源部、环境保护部关于取消矿山地质环境治理恢复保证金建立矿山地质环境治理恢复基金的指导意见》规定取消矿山地质环境治理恢复保证金，建立矿山地质环境治理恢复基金。矿山地质环境治理恢复基金专项用于因矿产资源勘查开采活动造成的矿区地面塌陷、地裂缝、崩塌、滑坡、地形地貌景观破坏、地下含水层破坏、地表植被损毁预防和修复治理等方面。

我国的矿产资源开发生态补偿制度大体经历了从政府治理为主、企业治理为辅到企业治理为主、政府治理为辅的模式转变，企业在矿山环境的治理和恢复中的社会责任明显增强。

2. 矿产资源开发生态补偿制度存在的问题

虽然我国的矿产资源开发生态补偿制度的建设取得了一定的成效，对于矿产资源开发造成的生态破坏和环境污染起到了一定的遏制作用，但矿产资源开发生态补偿制度建设仍然存在一些问题。

(1) 矿产资源开发生态补偿方面的法律法规体系不健全。矿产资源开发生态补偿方面没有形成强制性的法律规定，导致实践中难以操作，进而影响了矿山环境治理和生态的恢复。

(2) 生态补偿量化难。尽管我国推行了“谁受益、谁补偿，谁破坏、谁恢复，谁污染、谁治理”的生态补偿原则，但涉及具体的补偿行为时，补偿不易量化，可操作性差。

(3) 过于依靠政府，市场补偿缺位。目前，我国生态补偿还未形成切实有效的实施机制，主要依靠政府部门的投入推动。

第4章　矿产地质工作问题的应对措施

4.1　矿山地质环境的保护与恢复治理——以我国中南地区为例

一、矿山地质环境保护和恢复治理的意义

矿产资源开发利用难免会影响和破坏矿区的生态环境平衡。矿产资源的无序开发和落后工艺技术的使用，加速了矿产资源的枯竭和生态环境的破坏。露天采矿改变了原有的地形地貌，加剧了水土流失，其外排废渣压占土地，破坏了植被；矿坑疏干排水形成地下水沉降漏斗，加重了水资源危机；采矿及废渣的不合理堆放会诱发崩塌、滑坡、泥石流、采空区地面塌陷、地裂缝等地质灾害；采矿、选矿、冶矿过程中“三废”的排放会造成土地、河湖、大气等环境的污染。

矿区地质环境既受区域大气环流及地形、地貌、构造活动等的影响或制约，又与采矿工程及人类活动密切相关。

尽管地质环境问题受多种因素影响，但不可否认，矿产资源开发工程（包括矿区建设和采掘工程）是诱发和加剧地质环境恶化的重要因素。目前人类对自然地质作用还无法进行强有力的干预，但从科学技术的角度来看，矿业工程的环境负效应是局限的，也是完全有可能控制的。要实现矿业与环境的协调发展，需要对矿区环境恶化的原因进行深度探究，恰当界定出矿产资源开采与矿区建设等因素引起的环境问题，以资源开发和环境保护并举为原则重新审视已有的开采方法，以便对症下药，探索可以最大限度地防止地质灾害发生的技术手段，研究改革采矿方法的有效技术途径，积极研究

和推广绿色矿区建设的关键技术，这对于探索既发展矿业，又再造秀美山川的道路，实现社会效益、经济效益和环境效益的统一具有十分重要的意义。

地质环境的容量是有限的，地质环境对外来污染物的自净能力也是有限的。矿产资源是有限的，且绝大多数是不可再生资源。人类开发利用矿产资源创造社会财富，随着财富的增加，矿产资源会逐步减少直至枯竭。此外，随着人口膨胀，人类工程活动对自然的干预强度逐渐增加，当这种干预超过地质环境的弹性极限时，必将引起环境的恶化。

采矿过程中会产生大量的固体废弃物，包括被剥离的废土、废石和尾矿等。这些废弃物通常含有不同粒径的砂砾、尾矿废弃物及其风化产物等，与正常的土壤有很大的区别。不同矿区尾矿中有害重金属的浓度不同，这些废弃物简单堆放在陆地表面，会给周边地区带来严重的环境污染。这些废弃物往往非常不稳定，除直接造成土壤重金属污染以外，还会引发其他环境问题。其直接影响包括造成耕地、森林或牧地的退化，对土壤有机质分解和氮化过程形成抑制，对植物生长产生毒害等；间接影响包括空气污染、水污染和河流淤塞等。这些都将最终导致生物多样性衰减、景观资源和经济财富损失。因采矿、冶炼及其废弃物的影响，矿区的地表土常常遭受压实和周期性侵蚀，温度波动大，并且受重金属污染，养分贫乏，生物多样性减少，土壤功能衰退。这些都构成矿区土地修复与生态环境恢复重建中的物理性、化学性和生物性限制因素。

为维持矿区及周边地区的生态环境平衡，实现矿业经济的可持续发展，必须加大矿山地质环境保护和恢复治理的力度，依靠科技进步，实现经济效益、社会效益和环境效益的统一。

二、矿山地质环境保护的对策建议

（1）既要有法可依，又要执法必严。

对矿山地质环境的管理，从法律角度看，相关规定散见于矿产资源法、环境保护法等法律、法规中，无专门的法律作为依据，这给矿山地质环境行政管理工作增加了执法的难度，这是我国矿山地质环境治理工作难以到位的重要原因。在矿山地质环境保护中，应使矿产资源开发与矿山地质环境

保护相协调，走可持续发展的道路；要依法保护和管理矿山地质环境，绝不能造成新的破坏；要处理好矿产开发与保护的关系，在开发中保护，在保护中开发；要明确采矿权人治理矿山地质环境、恢复被破坏环境的法定义务，建立矿山地质环境治理恢复基金，以确保采矿权人治理矿山地质环境义务的顺利履行；要提高矿产开发准入的环境门槛，确保不具有环境保护能力的采矿权人不能进行采矿活动；加大对不履行矿山地质环境保护义务的采矿权人的处罚力度。

（2）矿山环境保护工作贯穿于矿产资源开发的全过程，坚持科学的开发方法和工艺，是有效保护矿山环境的重要手段。

（3）矿产开发要兼顾矿区居民的利益，调动当地群众的积极性，这是提高矿产开发经济效益、保护矿山环境的科学选择。

湖北大冶大广山铁矿所在地陈贵镇整顿矿山开采的做法，给人以深刻的启示。陈贵镇有 10 余种金属矿产资源，是大冶的“矿业之乡”。矿业秩序整顿之前，滥采滥挖、破坏资源、破坏环境、恶性事故等问题较多。为此，国务院曾多次对陈贵镇矿业秩序和社会治安状况整顿进行批示。后来，大冶地区转变发展思路和方法，从矿业管理体制和机制上进行探索，引进现代企业制度，引导当地居民投资入股，参与矿业开发，把矿产企业的利益与当地群众的利益捆在一起。这种股份合作、风险共担、利益均沾的矿业开发管理体制和运行机制，受到矿区居民的欢迎。

（4）发挥新闻媒体及公众的监督作用。

不合理的矿业活动毁损矿区资源，诱发地质灾害，导致环境污染等问题，单纯依靠科学技术手段和企业的自主行为不能完全遏制矿业活动引发的不良环境影响。随着社会进步，公众的环境保护意识在加强，参与环境保护工作的积极性在提高。而矿山地质环境的恶化会造成人居生态环境的破坏，危及居民健康。有必要发挥新闻媒体及公众的监督作用，健全矿业管理体系。

（5）探索多渠道的矿山环境恢复治理筹资机制。

矿山环境的恢复治理工作任务繁重，老矿山由于历史遗留问题等，仅靠自净能力难以消除矿产开发引发的消极影响。对历史遗留的矿区进行治理，要探索多渠道的矿山环境恢复治理筹资机制，包括国家和地方征收的税费、社会捐助资金、国际援助资金等。多方筹集资金和积极采用市场机制，对历史上遗留的矿山环境问题进行治理，是实现矿山环境良性发展的必由之路。

(6) 建立完善的矿山环境影响评价制度。解决矿山环境问题要预防为主、防治结合，完善矿山环境影响评价制度。应颁布矿山环境影响评价报告编写指南，提出各类项目开展矿山环境评价的主要内容和具体要求。大中型矿山或位于环境敏感区的矿山需要制定矿山环境影响评价报告制度，小矿山或对环境影响不大的矿山实行比较简单的矿山环境审查程序。此外，公民参与也是矿山环境影响评价制度的重要组成部分。

(7) 加强矿山地质环境调查评价与专题研究工作。

多年来，中南地区矿产资源的开发为国家和地区经济建设发展做出了巨大贡献，但种种原因导致矿业开发引发了众多地质环境问题。矿山地质环境调查与评价是一项基础性的社会公益型调查，查明中南地区矿山地质环境问题的现状、危害度、诱发因素及发展趋势等，是提出矿产资源合理开发利用、矿山生态环境保护对策和恢复治理措施的前提与基础，可为政府制定矿产资源开发政策与矿区生态环境保护法律提供科学依据。

三、矿山地质环境恢复治理的措施

从总体上看，中南地区需要进行土地复垦与生态环境恢复治理的闭坑矿山数量较大，工作难度大，工程量和所需投资也较大。因此，现有矿产企业和闭坑矿山的生态环境保护与恢复治理工作必须从以下几个方面开展。

（一）切实做好矿山生态环境保护与恢复治理工作规划

全面认真地调查矿山生态环境现状，根据具体情况制定规划。突出重点，合理部署，优先安排投资少、见效快的项目。

（二）加强矿山生态环境保护与恢复治理的监督管理

首先，从生态环境保护的角度确定矿产资源开采的准入条件，严格执行矿山地质环境影响评价和矿山地质环境治理恢复基金制度，严把新建立矿

山立项的审批发证关，避免产生矿产资源开发与环境保护效率不对称现象，避免造成新的生态破坏和环境污染。其次，加大对现有矿山的监督管理力度，对违反法律、法规和有关规定的矿产企业要依法查处、责令限期整改，逾期不能达标的实行限产或关闭。再次，对矿产企业的土地复垦和生态环境恢复治理状况进行监督。

（三）加强地质灾害监测预警

各级自然资源主管部门应依据地质环境管理条例和法规，督促矿产企业对矿区内各类地质灾害点布设监测点进行监测，建立地质环境监测网络，预测其发展趋势，及时预警。对危及矿区和周围地区居民生产和生活的地质灾害进行及时治理，避免或减少地质灾害可能产生的危害。

（四）加强矿产资源综合利用研究

加大科技研发的力度，提高矿产品的附加值以及企业的经济效益，并使得尾矿及废渣中的矿物或有害元素减少，对环境的污染程度也会随之降低。

（五）加强矿山生态环境治理与保护工作的研究

督促和引导矿产企业在矿山生态环境治理与保护方面加大研究与技术改造的资金投入，采用先进适用的生产工艺、技术和设备，改进管理措施；提高“三废”排放达标率和综合利用率，实现废石、尾矿的资源化利用，避免或尽可能地减少对矿山生态环境的破坏和环境污染，使矿山生态环境呈良性发展。

（六）积极推进矿山生态环境恢复治理与土地复垦工程

坚持“谁破坏，谁治理”的原则，并对矿山生态环境恢复治理与土地复垦工作适当给予优惠、资助，鼓励矿产企业开展生态环境恢复治理工作，调动其积极性，推动治理工程的顺利实施。

四、矿山地质环境恢复治理的对策建议

（一）以化学污染为主要环境问题的矿山

中南地区矿产资源丰富，金属矿山众多，而且化学污染较严重的主要是有色金属矿山，含有色金属成分的其他金属矿山，以及含有非金属物质如磷

砷、硫铁、煤等的矿山的化学污染问题也较为严重。对于此类矿山，建议通过以下途径开展矿山地质环境的恢复治理。

1. 加强矿山环境恢复治理的宣传和管理

首先要加强矿山环境保护的宣传教育，使广大矿产企业职工及其他矿产地居民，尤其是各级管理人员，全面认识矿山可持续发展与环境保护的关系。处理得当将促进经济发展，处理不当必然会阻碍经济发展。矿业的迅猛发展，意味着取自自然的矿产资源增加，相应地会导致矿山环境的破坏和污染加剧。如果盲目发展矿业，滥采滥挖，不加强矿山环境的保护与治理，势必导致资源枯竭，环境破坏与污染加剧，使资源、环境与发展之间的矛盾变得尖锐，不仅矿业产业不能健康发展，也严重影响国民经济全面协调发展。要处理好资源、环境与发展之间的关系，必须树立可持续发展的观点，即在发展矿业的同时，加强矿山环境的保护和治理，使矿业开发不超过自然的承载力。加强环境保护教育，增强公众参与意识，调动当地公众参与矿区环境治理与保护的积极性。

2. 加强科学研究

推广采选与环保一体的新技术、新工艺，加强矿山的地质环境调查，综合研究节能、环保、节约资源的新技术，尽可能地采用生态清洁的采选新技术、新工艺。如发展无废生产工艺，再生资源化新技术，废石内低品位金属资源回收新工艺，尾矿利用新技术，矿区废地生态生物工程技术，矿区排土场、废石堆复垦新工艺等。

3. 物理性修复

矿区地表土常常会遭到破坏，引发水土流失。可以采用粉碎、压实、剥离、分级、排放等技术改进矿区退化土地的物理特性，实际操作还包括开垦梯田、设置排流水道和稳定塘、采用覆盖物及施用有机肥等。可采用植物残体余物（如稻草或大麦草）覆盖表土，增加土壤的保水量，减少地表径流对土壤造成的侵蚀。施用有机肥可显著改善土壤结构。

4. 化学性修复

多数矿区的土壤退化，缺乏有机质及营养元素。如果计划将修复后的土地用于农业生产，就必须恢复土壤的肥力及提高土壤生产力。有机废弃物如污泥、熟堆肥等可作为土壤添加剂，并在某种程度上充当营养源，同时可螯合有效态的有毒金属从而降低其毒性。除采用有机添加剂以外，还可以采用无机添加剂改善土壤特性，如采石废弃物、粉碎的垃圾、煤灰、石灰、氯化钙等。在有毒的尾矿废弃物上覆盖一层惰性材料，如煤渣等，可防止有毒金属元素向表土迁移，起到化学稳定修复作用。

5. 绿色植物的稳定和提取修复

(1) 利用重金属耐受型植物的稳定修复。植物稳定修复是利用重金属耐受型植物来固定矿区土壤中的重金属。原位稳定是修复重金属污染土地最有效和最经济的方式之一，其中涉及使用适当的有机添加剂和无机添加剂及选用适宜的植物物种。在重金属污染土地上种植重金属耐受型植物可以降低重金属元素的流动性，从而可以减少进入食物链的重金属元素。有毒金属元素被固定在生态系统中，减少了风蚀所引起的迁移。同时，也减少了有毒金属因淋溶作用而进入地下水所引起的水污染。因此，选择适宜的、可以在重金属污染土地上生存的植物，对于矿区土地的修复至关重要。

(2) 利用重金属超积累型植物的提取修复。植物提取又称植物积累，包括超积累型植物根部对重金属元素的吸收以及重金属元素向地上部分的转移和分配。超积累型植物可以富集大量重金属。有证据表明，部分植物能够从土壤中去除一定量的重金属，净化低污染水平的土壤。重金属污染土壤可以通过播种超积累型植物种子来净化，经过几季收割后，重金属会随植物一起从土壤中分离出来。在实践中，一方面要加快筛选具备忍耐和富集重金属能力的植物；另一方面也要重视可以提高植物地上部分生物量或植物根系重金属生物有效性的农艺措施的应用。通常，植物修复可与其他净化方案联合使用。

（二）以物理灾害为主要环境问题的矿山

矿产资源的形成是地应力长期、复杂作用，物质再分配的过程，矿产资源的开发必然会改变生态地质环境，带来一些不利的影响。开发矿产资源，无论是地下开采还是露天开采，都不可避免地要连续、长期、大量地改变地形、地貌和岩层的构造，破坏其原有的状态，从而影响地应力的均衡和水均衡，并引发水土流失、地面塌陷、山体开裂、滑坡、泥石流、水源破坏和污染等一系列矿山环境问题。同时开采和冶炼产生的废石、废渣、尾矿、废水、废液和废气，也会造成环境污染。在这类矿山地质环境问题治理上，除加强矿山环境保护的宣传与管理，推广采选与环保一体化的新技术、新工艺，以及采用植物修复技术等治理对策外，还应根据实际地质环境情况采取如下措施。

(1) 开展矿山环境调查，做好矿山环境保护规划。

开展矿山地质环境问题的调查与评价工作，掌握矿山地质环境问题的基本情况。根据矿山地质环境的特点，环境问题的危害程度和分布规律，结合矿区的地理、地质背景和社会经济及人口分布状况，制定矿山地质环境的恢复治理规划。

(2) 加强山体开裂、崩塌、滑坡、地面塌陷、沉降、地震、透水、泥石流、尾矿库溃坝等方面的防治工作。

对于主要发生于山地的矿山地质环境问题，其治理措施分为防止崩塌、滑坡、泥石流发生的主动措施和避免造成危害的被动措施。

①防崩塌的措施主要是削坡卸载，消除临空危岩体，避免产生高陡边坡。对因地下采空诱发的山体开裂等进行严密监测。

②泥石流的防治主要在于预防，要合理选择废渣堆放场地，谨慎采用高台阶排土方法，减轻地表水对废渣的不利影响，有计划地安排岩土堆置、复垦等。同时开展植树种草工程，并采取拦渣、排导工程措施。

③对于地面塌陷、沉降、地震、透水等井下开采引起的矿山地质环境问题，应积极研究矿体的边界地质和力学条件以及水文地质特征，正确预测采矿诱发的塌陷区及地裂缝范围，进而改进采矿工艺、充填塌陷区，并因地制宜地充分利用塌陷区等。

④防治尾矿库溃坝的重要措施是消除危库、险库。按照国家有关尾矿库的建库标准，建立符合安全规范的尾矿库，应坚决避免依山傍河、在河漫滩上修建尾矿库，因为这类尾矿库易造成洪水漫库。

⑤水源枯竭、土地流失的治理措施。综合治理措施包括保水固土工程、土地利用工程和脱贫致富工程。具体措施包括合理堆放采矿废渣，配套采用工程技术措施，如建截水沟、拦水沟、排水沟、沉沙池、蓄水塘等，种植适合当地生长的树种形成防护林等。

五、矿山地质环境问题的发展趋势

矿山地质环境问题未来发展趋势主要受控于以下六个因素。

（1）区域性矿产资源开发的总体规划合理程度。

（2）管理到位程度及开采规范程度。

（3）矿产资源开发利用强度。

（4）矿产资源开发利用的科学性。

（5）矿山生态环境恢复治理程度。

（6）矿山地质环境问题的潜在危害程度及矿区地质环境条件复杂程度。

根据以上分析，对矿山地质环境问题的发展趋势可做如下预测。

（一）加强区域性矿产资源开发的总体规划

对区域内矿产资源情况进行充分的地质调查和研究，最大限度地减轻矿山开采对周边及下游地区环境的破坏。从矿山开采技术的发展趋势看，未来进行矿产资源开发，会加强矿山环境保护的科学研究，改进开采方式，不断提高“三废”处理和废弃物回收与综合利用技术，如无“三废”开采技术的推广与应用，煤矸石发电、制砖等，将减轻矿山“三废”所引起的矿山地质环境问题；又如尾砂胶结充填采空区技术的逐步推广，将减少尾矿库压占土地的总量，防止采空区地面变形灾害的发生，并可保护矿体顶板、底板隔水层不受破坏。因此，从矿山开采技术的发展趋势分析，矿山环境地质问题的发生将呈递减趋势。

（二）加强管理和规范开采

从矿山环境管理趋势看，随着各级政府对矿山地质环境问题愈加重视，矿山环境保护法律、法规陆续出台，矿山生态环境准入准出制度将逐步建立和完善。同时，矿山地质环境影响评价制度将广泛执行，新建、改建、扩建矿山的矿产资源开发利用方案中必须包括矿山地质灾害防治方案、水土保持方案、土地复垦实施方案及闭坑方案。新建、改建、扩建矿山的采矿权人必须按规定建立矿山地质环境治理恢复基金，为矿山环境保护和生态环境恢复治理提供切实的资金保障。各地也将会根据国家的方针政策，综合运用经济、法律和必要的行政手段，依法关闭产品质量低劣、浪费资源、污染严重、不具备安全生产条件的矿山。因此，从管理因素分析，今后矿山地质环境问题将逐步得到解决。

(三) 合理规划矿产资源的开发利用

矿产资源开发利用总体规划原则是"在保护中开发，在开发中保护"，促进资源开发与环境保护协调发展，使矿业经济从依靠消耗大量资源和以牺牲环境为代价的粗放经营模式转变为依靠科学技术进步和提高规模经济效益的集约经营模式。这样，一些规模小、经济效益差、环境破坏大、安全隐患多的矿产企业将会关闭，保留下来的矿产企业也会关注开采技术的提升和对环境的保护。因此，从矿产资源开发利用强度因素分析，今后矿山地质环境问题的发展趋势将会有所减缓。

(四) 加大矿山生态环境恢复治理力度

从矿山生态环境恢复治理的发展趋势看，今后将逐步完善矿山环境保护的经济政策，建立多元化、多渠道的投资机制，调动社会各方面的积极性，妥善解决矿山环境保护与治理的资金问题。对于计划经济时期遗留下来的闭坑矿山，因采矿造成了矿山环境破坏而责任人消失的，各级政府将加大投入力度，建立矿山环境治理资金，专项用于矿山环境的保护治理；对于目前正在开采的大型矿山，矿产开发时间较长，矿山环境破坏严重，矿产企业经济困难的，由政府补助和企业分担治理经费；对于其他生产矿山和新建矿山，遵照"谁开发，谁保护；谁破坏，谁治理；谁投资，谁受益"的原则，建立矿山地质环境治理恢复基金制度，矿山环境治理资金以自筹为主。因此，从矿山生态环境恢复治理的发展趋势分析，今后矿山地质环境恢复治理工作将使矿区环境逐步好转。

(五) 局部矿区地质环境问题仍将呈增长趋势

从矿山地质环境问题的潜在危害程度及矿区地质环境条件复杂程度

看，中南地区地下开采引发的地面变形大部分处于未稳定或暂时稳定状态，灾害可能进一步发展或加剧，它们构成了矿山地质灾害隐患的主要方面。而且随着地下采空区的不断扩展，可能会诱发新的地面变形灾害。地面变形隐患主要存在于鄂西、鄂东南、广西和湖南的煤矿区，这些地域的地质环境条件普遍复杂，矿区环境比较脆弱，未来矿业活动可能引发较多地面变形问题。此外，黑色、有色、稀有金属矿开发利用程度较高，废石、尾砂产出量大，有些矿山地处中低海拔山区，尾矿库大多依天然山沟而建，甚至在一个沟谷内建多处尾矿库，易形成泥石流。在雨季，一些坝体不够结实的尾矿库极易溃坝，引发泥石流灾害。因此，从矿山地质环境问题的潜在危害性及矿区地质环境条件复杂程度角度分析，上述地区的地质环境问题在今后一段时期内仍将局部性地呈增长趋势。

4.2　矿产资源开发管理问题的应对措施

一、完善矿产资源开发管理体制

在市场经济条件下，提高矿产资源的利用效率，实现资源、环境、经济与社会协调发展，最终实现可持续发展，是当前我国矿业改革面临的最大难题。这既是一个宏大的理论问题，更是一个迫切需要解决的重大现实问题。当前我国应遵循市场经济运行规律，围绕建立有效的矿产资源配置体系和资源管理体制这两项任务引领矿产资源领域的改革。

所谓建立有效的矿产资源配置体系，其实质就是充分发挥政府这只“看得见的手”和市场这只“看不见的手”的双重作用，按照市场规律寻求矿产资源资产化管理与资源性管理路径，运用宏观调控机制，克服市场机制弊端，避免资源浪费。资产化管理与资源性管理的有机结合及协调就是我国矿产资源开发管理体制改革的正确方向。政府对矿产资源的管理，应该以社会利益为价值取向，主要运用行政和技术手段，辅之以经济和法律手段。政府对矿产资源的管理贯穿于矿产资源开发的全过程，而不是仅仅局限于某个环节。矿产资源开发管理体制改革的重点应当放在建立产权明晰的矿产资源有偿使用制度和合理的价值流转体系这两个方面，至于我国矿产资源开发管理体制应当选择何种模式的问题，笔者认为，既然社会主义市场经济体制就是在国家宏观调控下，使市场在社会资源配置中起决定性作用的经济体制，那么构建矿产资源开发管理体制模式的核心就在于建立政府主导下的市场化资源配置机制，切实把矿业权作为一种产权来看待，建立并规范矿产资源产权评估、拍卖和交易等商业秩序，在坚持矿产资源国家所有的基础上，实现所有权和经营权的适当分离，明晰矿产资源产权关系。探索和完善矿产资源资产化管理与资源化管理新机制，必须按照可持续发展的要求，在坚持以产权管理为核心的基础上，统筹兼顾矿产资源和其他因素的关系，实现“三个一体化”，即数量、质量和生态一体化，资源、环境和社会一体化，资源、资产和资本一体化。在管理组织方式方面，要改变过去那种分割管理的模式，根据社会经济发展要求，对矿产资源进行分类、分级、分区，建立中央与地方、各职能部门相互之间的协调联动机制。具体而言，完善矿产资源开发管理体制应当主要从以下几个方面着手。

(一) 强化矿产资源开发集中统一管理体制

为了切实提高资源利用效率，减少因资源无序开发带来的消极影响，应当成立统一的矿产资源管理部门，强化对矿产资源勘探开发、资产增值、资本利用和可持续发展等环节的监管。

(二) 构建资源、资产、资本“三位一体”管理新模式

矿产资源开发管理部门应适时地调整单一传统的资源管理模式，转变为资源、资产、资本“三位一体”管理模式。在市场经济条件下，矿产资源开发管理应以实现所有者权益为归宿，并保障所有市场主体平等地参与矿业权竞争，培育和繁荣矿业权市场，促进和加快产权流转，保障矿业良性和可持续发展。因此，构建立足资源国情的矿产资源开发管理新机制的目标应是建立以产权约束为基础，实行行政管理和产权管理相结合、实物管理和价值管理相配套、技术监督和经济监督相协调的管理模式。以矿业权市场建设为平台与抓手，通过资本市场运作，吸引资本多元化投入，相关部门强化矿产资源资本化、金融化管理，实现矿产资源、经济社会与生态环境的协调发展。

（三）因地制宜实行分区管理

矿产资源分布不平衡是实行差别化管理的重要依据。我国各地区矿产资源禀赋差异较大，应综合考虑地区差异，实行差别化管理，提升管理能力。可以根据矿产资源储存量，实行探矿权省域限批政策。即根据当地矿种及储备量来进行审批，如国家可根据煤炭产能冻结主要煤炭产地的煤炭探矿权，而对缺煤炭地区则应解除其探矿权的限制。其他矿产以此类推，从而实现矿产资源的精细化管理。

二、理顺矿产资源开发管理机制

（一）完善利益分配机制

完善矿产资源开发利益分配机制，无论是对于促进资源的有效利用、生态环境的保护，还是对于矿区的可持续发展都具有积极的意义。市场经济条件下的矿产资源利益分配机制，牵涉政府、企业和矿产地居民等诸多方面的利益，要构建和完善矿产资源利益分配体系，必须理顺各方关系，以促进节约型社会的建立、生态文明的建设和和谐社会的发展。

1. 明晰矿产资源的价值属性，保障国家所有权利益的实现

矿产资源的价值定性不是随意的，它根源于矿产资源的使用价值。矿产资源是一种特殊的资源，它既是经济发展的重要物质资料，又是生态环境的重要组成部分，其具备经济属性和生态环境属性二维属性显而易见。因此，矿产资源的价值应该一分为三，即经济价值、生态价值、环境价值。

矿产资源的经济价值可划分为天然价值、人工价值和代内与代际补偿价值三部分，而生态价值和环境价值可合并为外部补偿价值。

天然价值指的是矿产资源未与人类劳动相结合时的价值，有用性是这种价值的本质属性，其价值量大小取决于矿产资源的丰裕度、质量及所处区位等因素。它是矿产资源使用者支付给所有者的对价，即经济学中所说的“使用者付费”的具体表现形式。设置矿产资源有偿使用制度是十分必要和不可或缺的，因此，矿产资源的天然价值反映的主要是资源的产权价值，它的形成对应的是资源的自然生产和再生产过程。

人工价值，顾名思义，就是附加了人类劳动之后所增加的那部分价值，它是生产成本的重要构成部分之一，人类对埋藏在地下或赋存于地表的矿产资源的认识、勘查和开发都包含了劳动。矿产资源的劳动价值的形成与矿产资源的社会生产和再生产过程息息相关，是矿产资源价值的组成部分之一。

代内与代际补偿价值产生的根源是资源的可耗竭性和一定程度的不可再生性。在可持续发展理念下，矿产资源的开发与使用必然涉及当代人与后代人之间资源配置的公平问题。从人类发展的历史长河来看，当代人对矿产资源的消耗必然影响后代人对资源的使用，因此开发使用矿产资源必须立足当前、着眼长远。矿产资源的可耗竭性，使其成为稀缺资源，随着人类开采强度和需求的加大而相应减少。然而目前我国对代内与代际补偿价值的重视不够，竭泽而渔的开采方式普遍存在。

外部补偿价值主要包括生态价值和环境价值。矿产资源作为自然资源的生态价值主要体现在：它为各种生物及非生物资源提供了生存空间及生活资料，为非生物的形成提供了生成条件，对维持物种多样性和承载物质的转化具有特殊的价值功能。矿产资源的环境价值指的是它作为环境的一部分而具有的价值。矿产资源是耗竭性资源，一旦被开发，矿产资源所具有的生态价值和环境价值就随之消失，所以矿产资源的生态价值和环境价值应当包含在资源开发实现的总价值里，通过外部补偿价值体现对矿产资源的生态价值和环境价值的补偿。因此，对矿产资源进行管理，应将环境保护与生态文明的理念融入矿产资源勘探、开发、利用之中，明晰矿产资源的价值，才能保障国家作为矿产资源所有者的权益得到体现。

2. 平衡中央和地方收益，并适当向地方倾斜

在矿产资源开发的过程中，只有把国家利益放在首位，才能将改革成果惠及全体人民。目前在矿产资源收益分配的问题上，要确立中央与地方之间的收益分配格局，合理确立矿产资源资产收益分配比例，坚持原则的坚定性和策略的灵活性相结合，既要坚决维护中央政府的收益，又要有效调动地方政府执行政策与开展正常活动的积极性，避免其以牺牲环境为代价追求一时的经济增长。考虑到矿产地直接承受矿产资源开发产生的生态环境等

方面的负外部性，可适当将收益向地方倾斜，为生态环境修复与保护提供资金支持。

3. 建立生态补偿制度，保障矿产资源所在地居民的合理利益

矿产资源开发是一把双刃剑，在带来经济发展的同时，也会对生态环境造成损害，给当地居民的生产生活带来极大困扰，进而影响矿区的社会发展与稳定。应建立生态补偿机制，让矿产地居民在承受矿产开发带来的环境污染和生态破坏的同时，能共享资源带来的收益。矿产开发对生态环境的损害主要包括两个方面：污染性的环境损害和破坏性的生态损害。其中对生态的破坏既有可恢复的破坏，也有不可恢复的破坏。根据损害特征，生态补偿可以分为开发前的预防性补偿、开发后的修复性补偿和开发中的临时性补偿。矿产资源开发生态补偿机制主要通过定价机制、补偿实施机制和监督保障机制形成以上三种补偿，以实现对生态环境的实体性、功能性和价值性补偿，使矿产资源价格反映生态补偿成本，从而实现对生态环境和矿区的补偿。矿产资源被开发后，其利益不断涌向矿业权人，因此可以采取直接向当地居民发放补贴这种手段，让当地居民共享资源开发所带来的收益。当然生态补偿费不能一概而论，而应根据企业的收益状况、税费征收情况，合理确定补偿比例。

（二）健全公众参与机制

民主管理的内在要求是把政府管理置于公众的监督之下，在矿产资源管理中，应注重公众参与机制的作用。公众的积极参与，可以降低政府监管成本，而且有利于从程序上维护社会公共利益。

1. 落实民主决策原则，推进科学决策

要把矿产资源行政管理公众参与机制的构建化为实实在在的行动，就必须在具体制度的设计上凸显民主决策机制。矿产资源是人类共同的财富，它能影响人类的生存和发展，具有公共物品的性质。有关矿产资源开发利用的决策都应该公开透明，确保公众的利益不因政府决策而受损。尽管在市场经济条件下，市场在资源配置中起决定性作用，但从一定层面上来讲，政府对矿产资源的管理就是对矿产资源这种公共资源的分配与控制。

政府决策的制定涉及不特定公众的利益。因此，政府在做出决策前，必须充分听取和反映民意，确保重大决策的科学性和民主性不打折扣。

2. 建立公众参与的具体法律程序，为公众参与提供法律保障

可通过法律对公众参与机制加以明确规定，完善参与程序。一方面，应健全公众参与的利益表达机制，建立一套相应的组织程序与保障制度。另一方面，应建立和完善矿产资源管理的评价制度。具体而言，一是落实公众监督权。要从实体与程序两方面落实公众监督权，因为程序合法是有效参与的前提与保障。对公众行使监督权的方式、途径、程序、步骤等应当予以具体详细的规定。二是保障公众知情权。知情权是公众参与管理的依据，公众资源管理参与权的具体行使在很大程度上依赖于对资源管理中所涉及信息的了解，只有先知晓，方可有所为。为此，矿产资源信息的公开披露，对公众参与资源管理尤为重要。

3. 不断拓宽公众参与途径

实现矿产资源开发管理法制化的核心在于依法管矿、依法行政。各级政府及其职能部门要进一步提高依法行政水平，运用行政职权要以公共利益为出发点与落脚点，增强服务公众的能力与素质。具体到矿产资源管理，除采用传统的座谈会、研讨会、听证会等形式开展公众参与活动外，还要加强电子政务建设，采用网络手段收集舆情，特别是要利用信息网络平台促进公众参与。目前，网络成为公众参与政府决策、参与政府管理和监督政府行为的新途径。因此，应当充分利用网络的优势来促进矿产资源管理的公众参与，就公众关心的问题，依法主动听取公众意见、建议，进一步改进作风，转变工作方式，提升工作质量。在矿业权出让、转让等环节中，建立及时、准确和全面地向全社会发布各种矿业权信息的平台，通过强制性信息披露制度，实行公开透明管理，充分保障公众享有的知情权与参与权。

4. 发挥矿业协会等组织的作用，提高公众参与效果

矿业协会作为连接政府与公众的桥梁和纽带，能将观念意识化为群体行动，是国家与社会达成共识的渠道。矿业协会组织具有专业性强、市场反应敏捷的特点，它能把各矿业权人的声音及时传递给政府。鼓励矿业协会

的建设，一方面，要扩大自然科学家、技术专家和社会科学家参与制定决策的空间与范围，充分发挥科技、政策法律在矿产资源管理中的技术支撑、文化引领作用。另一方面，要加强矿业协会内部的规范化建设，围绕民主决策、民主管理、民主监督的宗旨与目标，强化组织和制度建设，使矿业协会参与管理的活动进一步规范化、制度化，推进矿业协会参与矿产资源管理水平的不断提高。与公民个体、矿产企业单独参与矿产资源开发、利用、保护相比，矿业协会由于拥有广泛的公众基础而有许多优势：一是矿业协会可以作为矿产资源信息的集合点和传播点，可以开展矿业政策宣传、矿产品销售、矿产资源开发研讨会等形式的活动，提高公民对矿产资源开发行业的认识；二是矿业协会可以作为国家或地方的咨询机构，参与民主听证会，参与行业事项的决定或计划的修改。矿产资源开发会产生环境污染、生态破坏，矿产资源管理也需要环保组织的参与。

（三）建立高效科学的监管机制

监管机制低效是造成矿产资源开发秩序混乱、安全生产问题、环境和生态破坏的直接原因。因此，维护矿产资源勘查开采秩序，遏制违法行为，保障安全生产，合理利用矿产资源，有效保护生态环境，还需要进一步健全矿产资源勘查开采监督管理和执法监察长效机制，加强监管力度。

1. 明确各级监管部门的职责

从法律上要进一步明确各级监管部门的职责，各部门要协调一致，密切配合，对企业办矿时申请矿权—设计—矿井建设—验收—生产—矿井闭坑的全过程严格依法管理。监督企业按法定程序申请办矿，严格按设计施工建设、采矿、生产，抓好安全生产和矿山环境恢复治理工作。

2. 健全和完善执法监管体系

健全和完善执法监管体系与早发现、早报告、早制止的工作机制，建立事前、事中、事后紧密衔接、相关部门协调配合的监督管理制度。一是加快建设矿产资源开发的综合监管平台，制定严格的矿产开发违法问责制度；二是推行勘查项目监理制度，强化对勘查工作全过程的监督管理，保证和提高勘查工作的质量；三是进一步完善勘查成果的审查制度和程序，保证审查成果真实可靠，对提供不真实成果的单位应严肃查处；四是加强矿产资源日常监管和矿业权批后监管，建立联动机制，突出重点难点，形成执法合力，积极探索、建立防范违法违规行为的长效机制；五是矿产资源开发监管还要从监管力量和人员素质上进一步强化，实行问责制。

3. 加强矿山储量动态监管

加强矿山储量动态监管，科学核定矿山开采回采率、选矿回收率和综合利用率等指标，促进矿产企业合理开发利用矿产资源。

(1) 完善矿山储量年报制度，建立健全“一账三图”，即矿山储量台账、储量计算图、采掘工程平面图、井上井下工程对照图技术档案。

(2) 加强测量机构监管，提高监管水平。严格管理地质测量机构，加大考核力度。一要制定测量机构管理办法。对不合格的测量机构进行整改，整改不达标则不得再从事该工作。监测报告的审查，从确定实施单位开始就要全方位参与监督，力争做到事前培训、指导，事中会审、抽查，事后评审、跟踪。二要建立执业档案。在掌握测量机构执业情况的基础上，进行质量评估及信誉摸底考评等。三要加强培训，不断提高监管单位业务素质，以适应监管工作的需要。

(3) 严格审查储量年报。矿山储量年报的评审结果直接关系到矿业权人的切身利益，进而影响矿业权市场的健康发展。此项评审工作综合性强、技术含量高，因此，在具体年报审查过程中，要聘请有工作经验、责任心强的专家担任主审，最好定期对其进行培训，促进其提高审查水平和职业道德素养。最后要以“谁审查，谁签字，谁负责”为纪律标准，严格落实审查责任。

4. 建立协同联动的矿产督察运行机制

(1) 重视现场督察。在日常工作中，矿产督察员一定要深入勘查、采矿和选矿现场进行督察，认真履行职责。矿山施工图纸和原始生产记录台账是检查督察的底本资料。一方面，督察员要对照图纸和原始生产记录台账，对勘查项目实施情况，矿产企业矿产资源开发、利用和保护情况进行分析、评价，总结经验，指出存在的问题，并提出整改处理意见，督促矿业权人进行整改。另一方面，督察员应在每次现场督察工作结束后，及时将督察情况整

理成督察报告，连同填好的矿山现场督察备案表报送相关主管部门，报告督察情况和结果。

（2）发挥上下联动机制的作用。中央和地方矿产督察员应当依据相关法律法规明确的职权职责，根据矿产资源开发监督工作的实际需要，相互协调配合开展合作。作为矿政监督工作的重要力量，各级矿产督察员绝不能互不联系，而要推动矿产督察工作上下联动，发挥整体功能，全面履行对矿产资源开发利用的日常监督职能。

（3）注重工作的衔接。矿产督察工作是矿产资源管理工作的重要组成部分，不能与矿产资源管理中的其他工作割裂开来，而应与矿产资源管理秩序专项整治、矿山年检、采矿权市场建设等工作同步展开，有机结合起来。

5. 建立矿山生态环境保护长效监管机制

进一步完善矿山开采准入制度，严格执行环境影响评价制度，没有切实可行的矿山土地复垦及环境治理规划的项目，一律不予立项。认真落实矿山建设与生态环境保护设施同时设计、同时施工、同时投产使用的“三同时”制度，矿业环境影响评价报告制度，排污收费制度，矿山生态环境恢复制度和监督检查制度等，加强对矿产资源勘查开发活动的“三废”治理和矿山生态环境的修复。

三、健全矿产资源开发管理制度

（一）改革矿产资源开发税费制度

1. 明确矿产资源补偿费的性质，实现国家资源所有权收益

在矿业领域，作为国家调控经济的一种手段，世界各国越来越重视矿产资源税费的征收，这项工作有力地促进了矿业的可持续发展。根据我国宪法规定，国家因其对矿产资源具有排他所有权，应以征收矿产资源补偿费来实现国家的所有权收益。为促进我国矿产资源经济的发展和保证矿产资源的所有权收益，应该对矿产资源补偿费加以完善。首先，要培养一支高素质的矿业资源补偿费征收队伍。其次，要在征收管理方式上进行重大突破。要根据矿山条件、不同矿产资源种类和矿山规模来实行分级征收制度，以降低征管成本，提高部门工作效率。最后，要调整矿产资源补偿费费率。我国矿产资源补偿费平均费率明显偏低，加之补偿费费率固定不变，基本未考虑矿产品市场价格、资源利用状况、国家矿产资源开发政策导向，如果不调整矿产资源补偿费费率，国家作为所有人的应得利益将难以实现。因此，国家应实行矿产资源补偿费浮动费率。

2. 以资源储量消耗计征矿产资源税费，促进矿产资源的节约和合理利用

有专家提出，产权制度应该突出市场机制的作用，利用价格杠杆优化资源配置；明确各产权主体之间的关系，把矿产资源的节约和合理利用纳入法治化的轨道。将收取矿产资源补偿费直接同矿产资源消耗量挂钩，既是把矿产资源有偿使用纳入产权管理的必然要求，也是把矿产资源的实物形态管理和价值形态管理相结合的现实需要。以矿产资源消耗量或储量计征矿产资源补偿费，有利于促进矿产资源的节约和合理利用。按实际采出矿石量从价计征资源税和资源补偿费，其不足之处是不能对矿业权人消耗的矿产资源量进行准确计算，也不利于节约资源。而按消耗储量从价计征资源税和资源补偿费的优点是，如果矿业权人采富弃贫、采易弃难、选易弃难，从而损失、浪费矿产资源，矿业权人仍要为之缴纳资源税费。按消耗储量从价计征资源税费的做法，无疑对矿业权人综合利用资源、节约资源既起到了约束作用，又起到了激励作用，还避免对国家矿业权益造成损害。

3. 让矿产地居民适当分享权益，促进矿产资源永续利用

矿产资源税费既要在中央和各级地方政府之间进行分配，也要顾及矿产地居民的切身利益。矿产地居民对矿产资源开发的支持，关系到矿业秩序的正常运行，进而影响到社会经济发展的全局。对于居住在矿产资源产地附近的居民来说，理应享有矿产资源带来的收益。虽然矿产资源开发为国家经济发展做出了贡献，但是矿产资源的勘查、开发不可避免地会对矿产地的生态环境造成一定程度的破坏，当地居民无疑承受着开矿带来的生态环境负面影响。因此，让矿产地居民适当享有矿产资源开采收益，不仅有利于在矿产资源收益分配问题上定纷止争，而且有利于维护正常的矿业生产秩序和促进矿产资源永续利用。

4. 重新分配矿产资源补偿费，应适当向矿产地倾斜，促进环境生态治理与恢复

现行法律法规规定，矿产资源补偿费专项用于地质勘查、资源保护和征管部门经费补助，中央与地方按固定比例五五或四六分配收入，没有考虑资源原产地政府、广大矿产地居民为保护资源环境做出的贡献。为此，可采取以下具体措施：一是调整中央与地方分成的比例，将资源收益更多地留给地方；二是完善矿产资源补偿费支出结构。这样调整的目的是促进环境生态治理与恢复。

（二）完善矿产资源开发生态补偿制度

党的十八大报告要求："深化资源性产品价格和税费改革，建立反映市场供求和资源稀缺程度、体现生态价值和代际补偿的资源有偿使用制度和生态补偿制度。"党的十九大报告指出："严格保护耕地，扩大轮作休耕试点，健全耕地草原森林河流湖泊休养生息制度，建立市场化、多元化生态补偿机制。"值得注意的是，矿产资源生态补偿不仅仅是补偿矿产资源因开采而造成的资源耗竭，它还要补偿矿产资源开采对矿区环境造成的污染，以及补偿矿产资源不合理的交易价格对矿业城市造成的成本投入损失。矿产资源补偿不仅强调补偿的经济价值，还强调补偿的环境价值和公平价值。矿产资源开发生态补偿并不等于生态补偿费的征收。生态补偿是一项复杂的社会性系统性工程，它牵涉各方利益，不能简单地视为征收生态补偿费，应当通过多种制度和办法，由政府、企业及社会三方共同完成。矿产资源开发生态补偿并不是与矿产资源开采相关的事项都要补偿，其补偿对象、补偿标准、补偿范围、补偿主体都应该十分明确。当前，生态补偿机制不完善是导致环境和生态破坏、社区与矿区的发展不和谐问题的直接成因。完善生态补偿机制对于环境保护和生态恢复、促进社区与矿区和谐发展意义重大。建立矿产资源开发生态补偿机制，加速矿区生态环境的修复，其任务十分繁重。矿产资源开发的生态补偿最终要落实到制度建设上。应当遵从矿产开发补偿机制的基本思路和核心要件，开展相关制度的框架性与体系性建设工作。从法治运行的各个环节入手，逐步完善我国矿产资源开发的生态补偿制度。

1. 完善矿产资源开发生态补偿制度的相关法律体系

《中华人民共和国国民经济和社会发展第十一个五年规划纲要》第二十

三章明确规定"按照谁开发谁保护、谁受益谁补偿的原则,建立生态补偿机制"。《中华人民共和国矿产资源法》《中华人民共和国水土保持法》《土地复垦条例》及《黄金矿山砂金生产土地复垦规定》等都规定了"谁破坏、谁复垦""谁复垦、谁受益"的土地复垦原则以及矿产资源开发财产损失的补偿制度。在环保专门法中,如《中华人民共和国水污染防治法》和《中华人民共和国海洋环境保护法》等都规定了污染物集中处置及达标排放制度,形成了较为完善的矿业环保法律制度。但是,作为矿产资源开发基本法的《中华人民共和国矿产资源法》等法律中的矿产资源开发损害补偿并没有涉及生态补偿,补偿的责任形式仅是对直接造成的经济损失的补偿,没有对矿产资源开发造成的环境污染和生态破坏的补偿。总体而言,目前开展的矿产资源生态补偿试点处于摸索阶段,既缺乏统一的法律规定,又没有统一的政策指引,很有可能导致矿业市场准入和企业竞争条件的差异,最终影响整个矿业的发展和矿山环境的治理恢复。当前可持续发展已经成为世界普遍遵循的发展理念和模式,显然,《中华人民共和国矿产资源法》中对于矿山环境保护的原则性规定不能满足生态文明建设的要求。因此,矿产资源开发生态补偿应当通过立法的形式予以明确,使矿产资源开发生态补偿成为一项基本的法律制度,从而得到切实、有效的履行。具体而言,有两种立法途径:一是针对生态补偿,需要出台国家层面的矿产资源开发领域的配套法规体系;二是尽快修改《中华人民共和国矿产资源法》。在各地生态补偿试点工作的基础之上,对矿产资源开发生态补偿的内容予以具体明确规定,以使各地好的生态补偿做法及操作模式获得法律层面的确认和保障。

2. 完善矿山地质环境治理恢复基金制度

矿山地质环境治理恢复基金制度是矿山生态环境保护的重要措施,企业应对建设和开采矿产资源所造成的损害承担完全责任,此项制度的制定是为了保障企业履行生态修复补偿义务。为保障此项制度顺利落实并发挥实效,应从立法、监管和应用程序上对此项制度进行明确,方能推动矿山环境恢复治理,建设绿色矿业,实现生态文明。

3. 强化对矿产企业履行环境保护与土地复垦义务的监督管理力度

一方面,在建立矿山环境破坏监测、报告和监管制度的基础上,遵循有法必依、执法必严的原则,而且要追究违规企业的法律责任。另一方面,改

革生态执法体制，努力消除条块分割与部门职能交叉的弊端，实行垂直管理，以解决执法力度不够、监控力度偏软的问题。一些地方政府一味强调经济发展，忽视生态环境保护和治理，造成矿产资源浪费和矿山生态环境破坏的现象屡屡发生。为避免地方政府以牺牲环境为代价，换取一时的经济增长，改革生态执法体制势在必行。

4. 完善部门间的联动机制和公众监督机制

就中央层面而言，应当在明确各部门职责的基础上，建立多种形式的部际联席会议制度，形成稳定的部门间协调与配合工作机制。与此同时，应当设立矿产资源开发生态补偿专家组并设置矿区资源生态环境补偿领域的中介机构和管理机构。在进行矿产资源开发前，先由相关专家进行矿产资源开发生态补偿政策和技术方面的论证工作，然后由设置的矿区资源生态环境补偿中介机构和管理机构对具体的生态环境补偿进行监督、检查和评估，特别是对土地复垦质量及事后维护进行监督检查。

5. 发挥市场机制在拓宽矿产资源开发生态补偿资金渠道中的作用

在矿山环境治理与生态恢复方面，中央专项资金资助范围有限，总体投资量不大，地方配套困难，所以在一定程度上削弱了补偿机制的实施效果。要充分发挥市场机制在生态补偿中的作用。一是加强要素市场的培育管理。开发生产要素市场，培育资源要素市场，使生产要素价格能真正反映其稀缺程度，利于节约资源和减少污染；扶持和加强环保技术应用研究，促进环保技术的创新、推广和升级换代，开发解决生态环境保护治理问题的生产要素与提升技术创新水平。二是充分发挥市场机制的作用。进一步探索和推广开采权转让、排污权交易，建立区域内污染物排放指标有偿分配机制和排污权交易市场，探索出一条排污指标有偿分配和排污权交易的途径。鼓励上下游之间探索矿产资源有偿使用的市场转换机制，逐步使矿产资源以有价的形态通过市场调节和政府引导得到更加合理的配置和有效保护。鼓励和支持社会资金投向生态环境保护和建设，建立和完善政府引导、市场推进、公众参与的生态补偿投融资机制。

第5章　矿产地质工作与生态文明建设

生态文明建设是我国未来发展的重要方向、关键领域和重大任务。党的十八大以来，关于生态文明建设的相关理论与实践在我国引起了广泛反响，凝聚了强烈共识。随着“五位一体”总体布局的实施和“五大发展理念”的提出，矿产地质工作转型面临着适应经济发展新常态，以服务国家重大战略和国土资源中心工作的主要任务，以及国家大力推进生态文明建设的重大机遇。

5.1　矿产地质工作与生态文明建设的内涵

一、矿产地质工作的内涵

（一）矿产地质工作的基本内容及特点

我国矿产地质工作是区域地质调查、矿产勘查、水工环地质（水文地质、工程地质和环境地质）调查、地球物理与地球化学勘查及相关地质科学与技术方法研究等诸多工作的总称。它主要是指运用地质科学的相关理论、技术、方法、手段等，调查、研究和认识地球，解决人类生存和发展所需的各类矿产资源、能源、水资源等问题，改善居住环境，为经济建设和社会发展以及提升人们的生活质量服务。矿产地质工作的服务对象是人类赖以生存和发展的地球，内容是观察和研究它的形状及形成和演化规律。矿产地质工作的具体内容随着时代的发展需求变化而不断变化，不仅仅是寻找和发现自然资源，还涉及国土开发利用、生态环境保护、地质灾害防治、重大工程建设等经济社会发展的各个领域。

矿产地质工作是实践、认识、再实践、再认识的反复深化过程，它的特点是科学与技术一体化、调查与研究一体化、野外工作与室内工作一体化、宏观思维与微观认识一体化，多学科综合，多工种集成。同时，由于矿产地质工作的对象是地球，服务对象是全社会，加之矿产地质工作的工作范围极其广泛，涉及的学科较多，类型较为复杂，因此，不同类型的矿产地质工作都具有各自不同的特点。

1. 基础地质调查(区域地质调查)

(1) 基础地质调查的基本内容。

基础地质调查的基本内容是通过地质填图、找矿、矿产资源远景调查和综合研究，阐明区域内岩石、地层、构造、地貌、水文地质、地球物理、地球化学等的基本特征及相互关系，研究矿产的形成条件和分布规律，为经济建设、国防建设、国土整治、地质环境、科学研究和进一步的地质找矿工作提供基础地质资料。

(2) 基础地质调查的特点。

基础地质调查是矿产地质工作的先行步骤，又是矿产地质工作的基础性工作，体现了调查与科学研究相结合的特点；基础地质调查的成果，具备明显的信息化特点，直接的成果就是地质调查报告和一系列数据以及图件。

2. 矿产资源勘查

(1) 矿产资源勘查的基本内容。

矿产资源勘查的基本内容是找矿和评价，即寻找可供人类利用的资源，查明矿产的种类、质量、数量、开采利用条件，开展技术经济评价和应用前景论证，为国家规划和矿山建设提供其所需要的全部地质勘查资料。

(2) 矿产资源勘查的特点。

矿产资源勘查以点上工作为主，以点的集合来评价区域，对资金的投入要求较大，具有一定的风险性，体现了矿产地质工作的挑战性。

3. 水工环地质调查

(1) 水工环地质调查的基本内容。

水文地质调查：包括为查明一个地区的水文地质条件而对地下水及与

其有关的各种地质作用所进行的调查研究工作。

工程地质调查:包括为查明一个地区的工程地质条件而对地形、地貌、地层岩性、地质构造、岩(土)体天然应力状态、水文地质条件、各种自然地质现象、岩土物理力学特征及天然建筑材料等及其相关的各种地质作用所进行的调查研究工作。

环境地质调查:包括为查明一个地区的地质条件而对基本环境地质条件、环境地质问题与地质灾害进行调查研究,并进行相应的分析与评价等,及对与其有关的各种地质作用所进行的调查研究工作。

(2) 水工环地质调查的特点。

水工环地质调查的特点:区域性工作与点上工作相结合,既有不同精度的扫描性调查,又有动态监测;根据不同的目的要求,水工环地质调查分为综合性地质调查和专门性地质调查;具有明显的公益性特征,其成果一般不能直接转化成经济效益。

4. 其他地质工作

(1) 其他地质工作的基本内容。

地质科学技术研究:主要有基础理论研究、应用研究、技术方法研究。

地质信息工作:主要包括数据库建设、软件开发、软件应用、数据加工。

(2) 其他地质工作的特点。

其他地质工作的特点:有较强的探索性和不可确定性;涉及计算机技术的运用及大数据的处理。

(二) 不同阶段矿产地质工作的需求特点

矿产地质工作作为经济社会发展的先行性和基础性工作,具有明确的需求导向,在不同的经济发展阶段和不同区域表现出不同的需求规律,在时间上的演进表现出动态调整的过程,在空间分布上则表现为差异化和不均衡。在经济发展的不同阶段,对矿产地质工作的需求结构会发生变化,矿产地质工作要随之变化,才能适应经济发展新阶段的要求。

1. 前工业化阶段

(1) 经济发展特点。

前工业化阶段的经济发展特点主要表现为数量扩张，工业增长以外延为主；优先发展重工业和国有经济；从农业经济向工业经济转变；资源开发采用粗放型模式，缺乏环境保护意识。

(2) 矿产地质工作的特点。

前工业化阶段的矿产地质工作的特点是为实现工业化寻求矿产资源，以矿产型地质工作为主；地质调查工作呈分散状态。

2. 工业化初期

(1) 经济发展特点。

工业化初期的经济发展特点为经济快速发展；从工业经济向知识经济转变；基本还依靠物质和资本投入的增加推动工业化进程；从传统农业向现代农业转变；城市化进程加快。

(2) 矿产地质工作的特点。

工业化初期矿产地质工作的特点是经济发展对矿产的需求有所增长；对矿产地质工作的科学化、职业化提出要求；矿产开发、工程建设对地质信息的需求提升。

3. 工业化中期

(1) 经济发展特点。

工业化中期的经济发展特点是经济处于快速发展阶段，重工业依旧处于主导地位，资源消耗量大；工业化、城镇化进程加快；资源、环境保护意识增强；部分主要矿产品对外依存度高。

(2) 矿产地质工作的特点。

工业化中期矿产地质工作的特点是出现资源“瓶颈”，找矿任务迫切；矿产资源开发利用技术要求提升；对基础地质、环境地质、海洋地质等地质信息的需求提升；地质信息的社会化服务需求提升；需要建立完善的矿产勘查体系。

4. 工业化后期

(1) 经济发展特点。

工业化后期的经济发展特点是知识和技术创新对经济增长的贡献有所提高;经济走上可持续发展的道路;产业结构中第三产业所占比重比第二产业大。

(2) 矿产地质工作的特点。

工业化后期矿产地质工作的特点是资源约束仍然较大;矿产地质工作开始面向大地质、大市场、大资源、大环境,成为可持续发展的重要基础性工作。

在工业化初期,工业的发展需要大量的矿产资源、能源等作为原料,矿产地质工作的主要任务是为工业化寻求矿产资源(包括矿物能源等),以探矿、找矿等矿产型地质工作为主,重点解决的是资源的数量瓶颈约束问题。在工业化中期,随着工业化速度的加快,矿产地质工作的重点转移至解决资源供给的质量约束问题,主要服务于产业升级和国土空间格局的优化,重点解决的是资源的质量约束问题。在工业化后期,过度开发和利用自然资源,带来了严重的资源环境问题。在资源约束趋紧、环境污染加剧、生态破坏严重的形势下,矿产地质工作的重点逐渐与生态文明建设相统一,重点解决资源供给的生态约束问题,以提高生活质量,使矿产地质工作更加紧密地与国民经济和社会发展相结合,更加主动地为经济与社会发展服务,实现人与自然的和谐发展。

(三) 新常态下矿产地质工作的内涵延伸

经济发展新常态是中央全面把握国际经济政治发展格局、深刻认识我国基本国情和发展阶段所做出的重大科学判断,是对我们党治国理念和发展思想的进一步深化与创新,是当前和今后一段时期内指导我国经济持续健康发展的重要战略思想。认识新常态、适应新常态、引领新常态,需要调整矿产地质工作的重点,丰富矿产地质工作的内涵。

新常态下经济社会发展各阶段呈现的矿产地质工作需求特点如下。

1. 经济增速换挡、经济结构调整

（1）具体表现。

中国经济由粗放的速度增长型向高质量的效益增长型转变，大宗矿产资源需求增速明显放缓；以低碳、绿色、环保为特征的新能源、新材料等战略性新兴产业的迅速崛起，将带动并提升以锂、钴、“三稀”等为代表的新型能源材料矿产品需求增长。

（2）内涵延伸。

地质调查工作顺应新常态需要，及时进行调整，持续发挥找矿支撑工作的作用。

2. 高水平引进来、大规模走出去

（1）具体表现。

全球能源资源供需格局发生了深刻变化，能源资源消费重心由西向东转移，新兴发展中国家的占比与发达国家日渐齐平；能源资源供应出现多元分化，新型清洁能源占比快速上升，对传统能源生产国产生较大的冲击。

（2）内涵延伸。

地质调查工作必须紧紧围绕“一带一路”倡议和参与全球能源资源治理的战略需求，用全球视野，统筹谋划国内外的地质调查工作，不断提升服务和支撑国家重大战略的能力。

3. 资源环境约束加剧，承载力已经达到或接近上限

（1）具体表现。

人多地少、人均资源相对不足是我国的基本国情，有限的土地、资源要承载人口、建设、生态多重功能，矛盾尖锐，压力空前，多年大规模矿产资源开发造成储量过多过快消耗，而且带来严重的生态破坏。国土开发空间布局失衡加剧，重生产空间、轻生活生态空间问题突出。

（2）内涵延伸。

地质调查必须适应新形势、新要求，着力开展资源环境综合调查、综合评价，为自然资源产权制度和用途管制制度的建立提供基础支撑，为资源节约集约、高效合理利用提供技术服务，为区域国土规划、城镇发展规划和重

要基础设施选址、选线规划提供信息服务。

4. 经济增长将更多依靠人力资本和技术进步

(1) 具体表现。

我国是一个发展中大国，正在大力推进经济发展方式转变和经济结构调整，必须把创新驱动战略实施好。在经济发展新常态下，要素规模驱动力减弱，经济增长将更多依靠人力资本和技术进步。

(2) 内涵延伸。

提升地质调查工作质量和服务水平，必须全面落实科技创新驱动发展战略，主动适应世界科技革命大潮，全面深化地质科技体制改革，努力实现地质科技与地质调查工作紧密结合和深度整合，发挥好地质科技的支撑和引领作用。

(四) 地质环境与社会经济的相互作用关系

地质环境与社会经济是紧密联系、相互作用的。一方面，社会经济从地质环境中获取物质资源，如化石能源、金属矿产、建筑材料、地下水资源等，形成地质环境向社会经济的输入物质流；另一方面，在生产和消费等社会经济活动过程中排出大量的工业污水、废气、生活垃圾等，形成社会经济向地质环境的输出物质流。伴随着输入、输出物质流，地质环境不断发生变化，引发诸如地面沉降、泥石流、海水倒灌、土壤污染、地下水污染等各类地质环境问题。应通过加强对地质环境的管理、保护与防治，逐步改善地质环境状况。地质环境与社会经济相互作用的过程包含如下三个关键环节。

压力层：社会经济活动往往伴随着矿产开发、城市化、重大工程建设、农业生产等，这些活动均会在一定程度上对地质环境施加压力，其表现为各种输入和输出物质流。

状态层：表示地质环境所处的状态。在各种自然驱动因子和人类活动的作用下，地质环境状态处于不断变化的过程中，主要表现在地下水位、地下水质量、土壤质量等要素随着时间不断变化，当平衡被打破时，便会出现各种地质环境问题。

响应层：表示当人们意识到社会经济活动对地质环境造成不利影响后，

所采取的诸如加强矿产地质工作管理等响应措施。

因此，地质调查工作应该着眼于地质环境与社会经济相互作用的整个过程，矿产地质工作要解决社会经济发展过程中出现的地质环境问题，通过采取资源承载力调查、评价、监测以及预警等措施，加强地质环境管理，改善地质环境。

二、生态文明建设的内涵

当前，我国正处于由工业化中期向后期迈进的伟大进程中，但多年大规模矿产资源开发造成储量过多过快消耗，而且带来严重的生态破坏。国土开发空间布局失衡加剧，重生产而轻生活空间、生态空间等问题突出。针对上述问题，党和国家审时度势，根据我国的现实国情，从战略高度提出了大力推进生态文明建设的目标与要求，先后出台了一系列重大决策，推动生态文明建设取得了重大进展和积极成效。

（一）生态文明战略的提出

党的十六大报告提出全面建设小康社会的目标之一是“可持续发展能力不断增强，生态环境得到改善，资源利用效率显著提高，促进人与自然的和谐，推动整个社会走上生产发展、生活富裕、生态良好的文明发展道路”。党的十七大报告提出了实现全面建设小康社会奋斗目标的新要求，首次把生态文明概念写入党的报告，并指出：“建设生态文明，基本形成节约能源资源和保护生态环境的产业结构、增长方式、消费模式。循环经济形成较大规模，可再生能源比重显著上升。主要污染物排放得到有效控制，生态环境质量明显改善。生态文明观念在全社会牢固树立。”党的十八大报告首次专题论述生态文明，从国土空间开发格局优化、资源节约集约利用、生态环境保护与修复以及生态文明制度建设等方面提出了生态文明建设的重点任务。党的十八届三中全会提出：“紧紧围绕建设美丽中国深化生态文明体制改革，加快建立生态文明制度，健全国土空间开发、资源节约利用、生态环境保护的体制机制，推动形成人与自然和谐发展现代化建设新格局。”党的十九大报告从推进绿色发展、着力解决突出环境问题、加大生态系统保护力度、改革生态环境监管体制这四个方面对“加快生态文明体制改革，建设美丽中国”进行了具体阐释。

中共中央、国务院颁布了《关于加快推进生态文明建设的意见》(以下简称《意见》)和《生态文明体制改革总体方案》(以下简称《方案》),以“五位一体、五个坚持、四项任务、四项保障机制”为内容架构,明确了我国生态文明建设的总体要求、目标愿景、重点任务和制度体系,进一步明晰了我国生态文明建设顶层设计、总体部署的时间表和路线图。《意见》和《方案》突出体现了我国生态文明建设的战略性、综合性、系统性和可操作性,成为推动我国生态文明建设的行动纲领。

(二)生态文明建设的重要任务与具体要求

加快推进生态文明建设是加快转变经济发展方式、提高发展质量和效益的内在要求,是坚持以人为本、促进社会和谐的必然选择,是全面建成小康社会、实现中华民族伟大复兴中国梦的时代抉择,是积极应对气候变化、维护全球生态安全的重大举措。

1. 国土空间开发格局优化

国土是生态文明建设的空间载体。《意见》指出,生态文明建设的目标之一是我国经济、人口布局要向均衡方向发展,陆海空间开发强度、城市空间规模得到有效控制,城乡结构和空间布局明显优化。为实现目标,应健全空间规划体系,科学合理布局和整治生产空间、生活空间、生态空间,积极实施主体功能区战略。全面落实主体功能区规划,健全财政、投资、产业、土地、人口、环境等配套政策和各有侧重的绩效考核评价体系。推进各地落实主体功能定位,推动经济社会发展、城乡、土地利用、生态环境保护等规划“多规合一”,形成一个地区一本规划、一张蓝图。区域规划编制、重大项目布局必须符合主体功能定位。对不同主体功能区的产业项目实行差别化市场准入政策,明确禁止开发区域、限制开发区域准入事项,明确优化开发区域、重点开发区域禁止和限制发展的产业。加快推进国土综合整治,构建平衡适宜的城乡建设空间体系,适当增加生活空间、生态用地,保护和扩大绿地、水域、湿地等生态空间。严守生态保护红线,严禁任意改变用途,防止不合理开发建设活动对生态保护红线的破坏。完善覆盖全部国土空间的监测

系统，动态监测国土空间变化。

2. 资源环境承载力提升

资源与环境是人类赖以生存的条件，资源环境承载力是生态文明建设的基础。应在把握资源环境承载力演化规律的基础上，能动地、有目的地改造资源环境，将资源环境承载力控制在“阈值”范围内，从而改善区域资源环境承载力，为区域生态文明建设提供更广阔的空间。要完善资源环境承载力评价系统，建立资源环境承载力动态监测预警体系。要突破单一资源、环境要素的承载力评价，开展包含地质条件、矿产资源、水资源、土地资源、生态阈值、环境容量、碳峰值、灾害风险等多要素的资源环境承载力评价，并依据“水桶理论”，科学地确定城市群资源环境承载力；突破资源环境承载力的本底特征分析，开展基于资源环境本底特征的资源环境人口承载力、资源环境经济承载力等评价。探索多类型的资源环境承载力动态预警机制。统筹协同耕地及基本农田保护数量、取水量、用能权、碳峰值等刚性预警与用地强度、用水效率、单位 GDP 环境污染等柔性预警，充分发挥动态预警机制引导资源环境优化配置的功能；空间预警与量质预警相结合，以主体功能区规划为基础，将空间预警与资源环境要素的量质预警相结合，增强资源环境动态预警对区域空间发展的有效约束。

3. 资源能源节约利用

节约资源是破解资源瓶颈约束、保护生态环境的首要之策。

要完善耕地保护制度和土地节约集约利用制度。完善基本农田保护制度，划定永久基本农田红线，按照面积不减少、质量不下降、用途不改变的要求，将基本农田落地到户、上图入库，实行严格保护。加强耕地质量等级评定与监测，强化耕地质量保护与提升建设。完善耕地占补平衡制度，对新增建设用地占用耕地规模实行总量控制，严格实行耕地占一补一、先补后占、占优补优。实施建设用地总量控制和减量化管理，建立节约集约用地激励和约束机制，调整结构，盘活存量，合理安排土地利用年度计划。完善水资源管理制度，建立健全节约集约用水机制，促进水资源使用结构调整和优化配置，保障用水安全。完善规划和建设项目水资源论证制度。完善水功能区监督管理,建立促进非常规水源利用制度。建立能源消费总量管理和节约制度。加强对可再生能源发展的扶持,逐步取消对化石能源的普遍性补贴,逐步建立全国碳排放总量控制制度和分解落实机制,建立增加森林、草原、湿地、海洋碳汇的有效机制,加强应对气候变化的国际合作。

4. 生态环境保护

良好的生态环境是最公平的公共产品,是最普惠的民生福祉。应推动主要污染物排放总量继续减少,大气环境质量、重点流域和近岸海域水环境质量得到改善,重要江河湖泊水功能区水质达标率提高,饮用水安全水平持续提升,土壤环境质量总体保持稳定,环境风险得到有效控制,促使生物多样性丧失速度得到基本控制,全国生态系统稳定性明显增强。要严格从源头预防、不欠新账,加快治理突出的生态环境问题、多还旧账,让公众呼吸新鲜的空气,喝上干净的水,在良好的环境中生产生活。要加快生态安全屏障建设,实施重大生态修复工程,扩大森林、湖泊、湿地面积,提高沙区、草原植被覆盖率,有序实现休养生息。加强森林保护,将天然林资源保护范围扩大到全国;大力开展植树造林和森林经营,稳定和扩大退耕还林范围,加快重点防护林体系建设;实施地下水保护和超采漏斗区综合治理,逐步实现地下水采补平衡。强化农田生态保护,实施耕地质量保护与提升行动,加大退化、污染、损毁农田改良和修复力度,加强耕地质量调查监测与评价。实施生物多样性保护重大工程,建立监测评估与预警体系,加强自然保护区建设与管理,加快灾害调查评价、监测预警、防治和应急等防灾减灾体系建设。

5. 资源环境管理制度

党的十八大报告明确提出生态文明制度建设是我国生态文明建设的主要任务之一。党的十八届三中全会通过的《中共中央关于全面深化改革若干重大问题的决定》(以下简称《决定》)首次确立了生态文明制度体系,提出了七项源头严防的制度,包括:①健全自然资源资产产权制度;②健全国家自然资源资产管理体制;③完善自然资源监管体制;④坚定不移实施主体功能区制度;⑤建立空间规划体系;⑥落实用途管制;⑦建立国家公园体制。此外,构建了五项过程严管的制度,包括:实行资源有偿使用制度、实行生态

补偿制度、建立资源环境承载力监测预警制度、完善污染物排放许可制、实行企事业单位污染物排放总量控制制度。《决定》还提出建立生态环境损害责任终身追究制、实行损害赔偿制度。此外,《决定》在资源节约集约使用、退耕还林、耕地河湖休养生息、环保市场、环境保护、管理制度、区域联动机制、国有林区经营机制和集体林权、环境信息公开等方面提出了改革要求。为建成资源节约型、环境友好型的美丽中国,改善我国资源约束趋紧、环境污染严重的现状,需要资源环境管理制度的改革。生态文明制度建设包含资源环境管理制度的改革,生态文明制度是改善我国资源环境的催化剂,符合绿色发展理念,为促进我国经济发展与社会进步提供了制度保障。

(三)矿产地质工作在生态文明建设中的定位与作用

矿产地质工作是国土资源空间管理的重要基础支撑,是生态文明建设的重要基础和支撑性工作。为了进一步研究工业化进程中矿产地质工作的发展与演变,对工业化进程的特点、产业结构演变的特征及分阶段矿产地质工作的重点进行梳理总结。从工业结构来看,整个工业化过程可以归纳为三个阶段:①工业结构由以轻工业为中心向以重工业为中心发展推进,这就是所谓的“重工业化”;②在工业结构“重工业化”的过程里,工业结构又表现出由以原材料工业为中心向以加工、组装工业为中心发展演进,此即所谓的“高度加工化”;③在工业结构“高度加工化”的过程里,工业结构进一步表现出“技术集约化”的趋势。

从矿产地质工作发展阶段和趋势来看,随着经济发展进入后工业化阶段,环境问题更加突出。从矿产地质工作部署来看,必须统筹考虑资源与环境问题,以生态文明为指导框架,在解决矿产资源问题的同时,较好地解决环境问题,以避免走先期工业化国家的老路。进入后工业化阶段,以美国为代表的发达国家的经济和社会发展对矿产资源仍然存在强大的需求,只是由于科技的进步,使单位 GDP 的矿产资源消耗有所降低,但能源消费变化保持稳中有升。因此,矿产勘查工作始终是矿产地质工作的重要组成部分。尽管近年来由于环境问题突出,地质环境调查与评价日益得到重视,但丝毫不影响矿产勘查工作的地位。工业化后期,是我国推进新型工业化、城镇化发展的关键时期,地质调查工作的业务重心有望从“资源与生态(环境)并重”向“资源生态(环境)一体”转变;业务范畴将由传统的基础地质、资源调查评价,向环境地质、工程地质、灾害地质、生态地质、地理和空间调查等领域拓展;支撑面也将由单一的资源型支撑向资源与环境、生态服务多维型支撑转变。现代矿产地质工作具有“大地质”特征,贯穿经济建设全过程,服务于经济社会的方方面面,应以服务“生态文明建设”“国土空间开发格局优化”和“产业结构调整”等为重点领域,提高为生产、生活、生态(“三生一体”)服务的能力,提升地质调查工作及其成果在经济社会发展中的影响。由此可见,在工业化中后期,经济社会对矿产地质工作的需求由以资源为主缓慢转向以生态(环境)为主,地质环境调查工作越来越成为矿产地质工作的主流。

5.2　矿产地质工作与生态文明建设的关系

在国家大力推进生态文明建设的进程中,矿产地质工作的作用不容忽视,矿产地质工作对生态文明建设的服务与支撑作用随着矿产地质工作的转型将更加重要。本节主要试图通过上文对矿产地质工作以及生态文明建设内容的分析,找出矿产地质工作与生态文明建设内容的结合点,从而分析二者相互作用的内在机理。

一、生态文明建设的资源环境因素与响应

根据生态文明建设的主要内容,我国生态文明建设的资源环境响应包括促进资源节约利用、加大自然生态系统和环境保护等几个方面。在土地资源节约集约利用方面,应坚持严格的节约用地制度,以土地利用方式转变促进经济发展方式转变和结构调整;积极稳妥推进土地制度改革,切实维护广大群众的权益。

矿产地质工作在土地资源调查和动态监测中起到基础保障作用。通过土地利用调查与动态遥感监测、土地整理与复垦遥感监测、国家级开发区遥感监测、土地快速应急反应监测,实现土地利用本底数据库建设,为国土资源信息化建设提供基础数据,为土地资源利用率的提高,制定国民经济发展

规划、计划及为宏观决策提供重要依据。在矿产资源节约和综合利用方面，应以矿产资源合理利用与保护为主线，以转变资源开发利用方式为核心，以技术创新和制度创新为动力，以矿产企业为主体，以市场需求为导向，强化政策引导和制度约束，严格资源开发利用效率准入制度，加强资源开发利用过程监管，扩大资源节约与综合利用规模，确保资源的高效开发和有效保护，全面提高矿产资源开发利用水平，推动矿业走节约、绿色、高效的可持续发展之路。

矿产地质工作在促进我国矿产资源节约和综合利用方面起到了基础性、先行性的作用。在具体的矿产地质工作方面，开展的煤炭、石油、铁等重要矿产“三率”(开采回采率、选矿回收率、综合利用率)调查评价工作，是关于矿产资源节约和综合利用的国情调查；此外，加大了对清洁能源如页岩气、煤层气、天然气水合物、地热的勘查开发力度，这些都为建立科学合理的矿产资源开发利用评价体系、制定节约与综合利用政策奠定了坚实的基础。

在自然生态系统和环境保护方面，十八大报告等明确提出要实施重大生态修复工程，推进荒漠化、石漠化、水土流失综合治理。加快水利工程建设，加强防灾减灾体系建设。以解决损害群众健康的突出环境问题为重点，强化水、大气、土壤等污染防治。国家还对加强自然生态系统和环境保护的制度建设提出要求，主要包括：①建立和完善严格的污染防治监管体制；②建立和完善严格的生态保护监管体制；③建立统一的核与辐射安全监管体制；④建立和完善严格的环境影响评价体制；⑤建立权威的环境执法体制；⑥完善国家环境监察制度。坚持绿色发展，必须坚持节约资源和保护环境的基本国策，加大环境治理力度，以提高环境质量为核心，实行严格的环境保护制度，深入实施大气、水、土壤污染防治行动计划。筑牢生态安全屏障，坚持以保护优先、自然恢复为主，实施山水林田湖生态保护和修复工程，开展大规模国土绿化行动，完善天然林保护制度，开展蓝色海湾整治行动。

矿产地质工作为自然生态系统和环境保护提供技术与数据参考；基础地质工作在填图、遥感监测等方面为我国生态功能区的划分与环境监测提供数据；矿产地质工作服务于矿区生态文明建设，为矿区环境保护与生态修复保驾护航；水工环地质工作服务于城市建设、重大工程开发等，为减少环境污染、提升资源环境承载力提供支撑。

二、地球关键带——矿产地质工作的主战场，生态文明建设的主要对象

地球关键带或临界带，是岩石圈、水圈、生物圈与大气圈的交会处，是人类活动最为频繁、人与自然相互作用和影响最为显著的区域，被视为地球上最大的生态系统。人、环境、地球、天体相互作用，构成了一个整体。地球系统科学新体系由内系统和外系统组成，外系统由与地球相互作用的天体构成，内系统由大气圈、水圈、陆地圈和生物圈各子系统组成。临界带物质、能量的交换控制着土壤的发育、水的质量和流动、化学循环等，进而影响资源和环境的演化，而这一切对地表生命非常重要。地球关键带既是生态文明建设的主要对象，也是现代矿产地质工作的主战场，推进生态文明建设需要加强矿产地质工作的基础性和支撑性作用。

矿产地质工作是人们认识、利用和保护地质环境的重要基础。矿产地质工作是获取地层岩性、地质构造、地下水、地质灾害等地质环境时空分布信息及其规律的基础性工作，有着极高的应用价值，在满足政府制定管理地下水资源与水环境、保障地质环境安全、优化国土空间、防治地质灾害等决策对信息服务的需求的同时，有利于指导国家重大工程项目建设、矿产开发、农业灌溉等经济活动。随着经济社会的发展，围绕着资源、环境与生态问题，以“地球关键带”为重点，矿产地质工作的重要性日益凸显。

三、矿产地质工作的转型发展是生态文明建设的必然要求

新时期围绕服务国家的“五大需求”，矿产地质工作内容的深度、广度发生着了重大变革，工作领域得到充分拓展，通过实施“九大计划”，矿产地质工作的转型发展对于保障国家能源资源安全，服务生态文明建设，服务新型城镇化、工业化、农业现代化和重大工程建设，服务防灾减灾，服务海洋强国战略具有重要意义。

实施“九大计划”：陆域能源矿产地质调查计划、重要矿产资源调查计

划、重要经济区和城市群地质环境调查计划、地质灾害防治和地质环境保护支撑计划、国土开发与保护基础地质支撑计划、“一带一路”基础地质调查与信息服务计划、地质科技支撑计划和地质数据更新与应用服务计划、海洋地质调查计划。

实现“五大服务”：保障国家能源资源安全，服务生态文明建设，服务新型城镇化、工业化、农业现代化和重大工程建设，服务减灾防灾，服务海洋强国战略。

资源调查工作重心逐步向“三稀”金属、重要非金属优势矿产、新兴矿产转移；能源资源调查由常规油气向非常规、清洁能源调查转移；单矿种、单元素评价向多矿种、多元素兼探与综合评价、集约节约与综合利用转变；生态地球化学调查领域不断拓展。

水工环地质调查，拓展与人类生存密切相关的城市群、重要经济区和生态功能区等领域的调查，进行水循环、荒漠化、石漠化、湿地等与生态环境的相关性研究，全球气候演化与变化规律研究；推进地下水、地质灾害监测预警体系建设，由被动治理向主动预防转变。

围绕矿产地质工作服务生态文明建设的目标，将矿产地质工作放到经济社会发展的全局中，通过建立和完善相关技术支持体系，促进生态文明建设。在国土资源领域，通过统筹资源、产业、生态，统筹产业聚集度、密度，建立相应的技术支持体系，服务国土空间规划；在资源勘查开发领域，通过统筹绿色发展、低碳发展、综合回收与循环利用，建立与生态管护相适应的技术支持体系，引导产业规划调整，转变资源消费观念、方式，促进经济发展与资源消费强度、总量脱钩。在生态综合管护领域，通过构建生态地球化学动态监测体系、生态环境修复体系，在调查与动态监测的基础上，通过建立生态地球化学元素迁移过程的动态模拟模型、预警模型和修复模型等，为集约节约、高效合理利用资源和资源管护提供坚实的技术支撑。

四、生态文明战略下矿产地质工作与生态文明建设的结合

通过对矿产地质工作主要工作内容的总结，结合生态文明建设的具体

要求，不难发现，矿产地质工作其实在生态文明建设中大有作为，矿产地质工作与生态文明建设的结合主要表现在矿产地质工作服务于生态文明建设。

从生态文明战略需求来看，生态文明战略提出了调整优化国土空间开发格局，加强自然资源资产核算与管理，提升资源节约集约利用水平，加大自然生态系统和环境保护力度以及提升城市群资源环境承载力等需求。

从供给侧的矿产地质工作来看，矿产地质工作的内容与领域十分广泛，包含为国土空间开发格局优化以及自然资源资产核算提供基础性支持的区域地质调查工作，提升资源保障与促进资源节约集约利用的矿产资源勘查与评价工作，促进生态环境保护与修复、改善环境质量的水工环地质调查工作，以及地质灾害防治工作等。

5.3　矿产地质工作对生态文明建设的促进作用

一、矿产地质工作服务生态文明建设的现实意义

（一）矿产地质工作促进国土空间开发格局的优化

国土是生态文明建设的空间载体，国家主体功能区战略和《国家新型城镇化规划（2014—2020年）》的落实，以及生产空间、生活空间、生态空间的科学布局和整治等，都要求加强矿产地质、环境地质的调查研究，并在此基础上加强资源环境承载力评价，为资源消耗上限、环境质量底线、生态保护红线的设置与划定提供技术支撑。

矿产地质工作通过推进资源环境承载力评价、城市地下水监测、地下结构稳定性评价、土地质量监测评价等工作，合理高效地分配空间资源，统筹安排各区域的国土空间类型、规模、结构、开发时序以及开发方向，有利于高效利用国土资源。通过加大对土地的综合整治力度，拓展与人类生存密切相关的城市群、重要经济区和生态功能区等领域，加强地质工程研究，为重大工程建设和选址服务，为危险废弃物处置提供安全的地下空间，有利于拓展国土空间开发深度与广度，促进国土空间开发格局优化。

（二）矿产地质工作促进资源环境承载力的提升

资源环境承载力是生态文明建设的基础。矿产地质工作通过完善资源环境承载力评价系统，建立资源环境承载力动态监测预警体系，开展地质条件、矿产资源、水资源、土地资源、生态阈值、环境容量、碳峰值、灾害风险等多要素的资源环境承载力评价。通过建立跨部门、动态更新的资源环境动态监测预警机制，对资源环境承载力超载与否做出科学预警。有利于突破水、土地、气候、地质、生态、环境等资源环境要素的破碎化管理，整合水资源、水环境、土地利用、地球化学、气候地质以及经济社会等信息资源，集成城市群资源环境数据库，形成揭示山水林田湖及其与经济社会发展等的内在互动、耦合关系的动态预警平台，不断增强资源环境承载力动态监测预警的科学性。

矿产地质工作以主体功能区规划为基础，将空间预警与资源环境要素的量质预警相结合，增强资源环境动态预警对于区域空间发展的有效约束。有助于各地区充分认识本地区开发前的强度和发展潜力，根据资源环境承载力科学布局产业和人口，从而促进资源环境与社会经济集聚始终处于协调状态。

（三）矿产地质工作促进矿产和土地的集约节约利用

资源集约和节约利用是资源合理开发利用与生态文明建设的重中之重。应通过完善矿产资源勘查开发的区域布局、生产格局、产业结构、产业运行模式、工艺流程、回收利用和循环发展的生产、消费模式，构建生态文明的矿产资源生产和消费体系，使有限的资源得到更好的利用。

矿产地质工作通过推进成矿理论发展，勘查技术和节约集约、综合利用技术创新，健全和实施地质找矿新机制，加快实现找矿突破，不断提高资源利用效率。应从我国矿产资源总量大、优质矿少、共（伴）生矿多的赋存特点，以及保护资源和节约集约利用资源的根本要求出发，着力推进矿产资源综合调查评价与综合利用。并应始终坚持在保护中开发、在开发中保护，积极实施找矿突破战略行动，加强优势矿产资源和矿山地质环境保护，落实严格的节约用地制度，全面节约和高效利用资源，显著提升土地和矿产资源集约利用水平。把促进资源节约集约利用放在更加突出的位置，坚持开源与节流并重，把节约放在首位。通过严控增量、盘活存量、优化结构，鼓励土地的集中利用、复合利用、立体利用和矿产资源的综合利用、高效利用、循环利用。

（四）矿产地质工作促进生态环境保护

保护环境、修复环境与重建环境是生态文明对资源开发利用的具体要求。矿产地质工作对于全面提升矿产资源宏观管理能力，不断完善以市场为主导的矿产资源优化配置机制，不断完善资源开发运行机制和管理制度，推进绿色矿山建设、土地复垦等环境保护和重建工作，促进矿山绿色文明建设和加强废弃地的土地复垦治理，促进国土资源优化利用、矿地和谐，推动矿区生态文明建设、矿山地质环境状况改善，实现人与生态和谐发展作用明显。

矿产地质工作应通过大生态观推进工作，统筹考虑土地、水、海洋、林业、矿产等各类资源环境，将大气圈、水圈、生物圈和岩石圈等作为一个有机整体，着力加强自然资源和环境的综合调查与评价，研究地质作用过程对生态环境的影响和城乡建设的约束，以流域和构造体系为单元，系统开展地质环境、生态地球化学和资源环境承载力调查评价，推进城市、海岸带和荒漠化、石漠化地质调查，为国土规划和生态保护红线的划定提供依据，为资源合理开发利用奠定基础，全面服务生态环境建设。应加强生态地质环境修复与保护工作，加强矿山环境、城市地质和工程地质等方面的恢复与综合治理工作，减少“三废”的环境影响，增强人与自然和谐相处能力的建设。通过加强生态地质环境的综合治理，对大气、地下水、土地、海洋、江河等生态地质环境进行修复，做好城市地质、乡村地质、农业地质、医学地质、地下水开发与污染保护等工作，利用地质技术改善生态环境质量。

（五）矿产地质工作促进资源环境制度完善

20 世纪末期粗放式的工业化、城市化进程，在推动我国经济社会快速发展的同时，也给资源、环境和生态造成了巨大的压力，如资源约束趋紧、环境污染严重、生态系统退化、气候变化问题突出、地质灾害频发等现象，延缓了生态文明建设的进程。资源环境制度完善是生态文明制度建设的重要一环。健全的资源环境保护制度，可以使社会在向自然索取资源和与自然和谐共处中寻找到一个平衡点。完善的制度可为自然生态系统和环境保护提供原则指引。矿产地质工作在资源环境制度的完善过程中起着至关重要的作用。

第6章 生态文明视角下地质灾害防治工作探究

生态文明建设要求加大自然生态系统和环境保护力度，让人们在良好的环境中生产生活。生态文明建设与地质灾害防治思想具有高度的耦合性，并且地质灾害防治在生态文明建设中具有举足轻重的地位。

6.1 地质灾害防治工作的效益评价

一、地质灾害防治需求性评价

地质灾害活动频率越大、危害越大，社会对地质灾害防治的需求程度越高。对地质灾害防治需求程度进行评价，可选择专家评价法进行需求性定量评价，主要涉及以下四个方面。

（一）地质灾害发育度（历史条件）

地质灾害发育度是指在过去地质灾害在单位面积内发生的次数，发育多代表发生的次数多，地质灾害严重，不发育代表区域内无灾害。一般主要通过历史灾害危害强度、灾害活动的强度（沉降中心地带）、灾害危害面积、历史灾害活动频次这四个维度测度地质灾害发育度。

（二）地质灾害风险度（潜在条件）

地质灾害风险度是指地质灾害活动及其对人类社会造成破坏损失的可能性。它所反映的是发生地质灾害的可能性与造成的破坏损失程度。一般主要通过区域地质构造类型、地貌类型、地下水开采状况、自然气候类型这四个维度测度地质灾害风险度。

（三）地质灾害危害度（易损性分析）

地质灾害危害度是指地质灾害引发的损失大小。它与地区社会经济发展水平、人口密度、资产分布密度及灾害发生区位有关。

（四）地质灾害防治需求性评价流程

地质灾害防治需求性评价流程如下。

(1) 对评价因素进行分类，组成系统，按类别、层次将评价因子先后填入表内，形成评价表。评价因子可根据不同灾害种类进行增减。

(2) 对评价表上各因子按加权法统一进行评价。用评价表进行定量评价，评价表的内容可根据具体要求增加或减少。

二、地质灾害防治经济效益评价

地质灾害防治经济效益主要分为直接经济效益与间接经济效益。

（一）地质灾害防治直接经济效益

可以运用地质灾害防治投入与地质灾害防治减轻损失的比例这两个指标变量作为衡量地质灾害直接经济效益的指标变量。具体操作时，可以按照各部门历年发布的中国统计年鉴、国土资源公报、自然资源公报、地质灾害通报中所公布的数据，将“地质灾害防治投资”作为“地质灾害防治投入”的替代变量，将地质灾害避免损失作为地质灾害防治减轻损失的替代变量，计算地质灾害防治投入与减轻损失的比例。

（二）地质灾害防治间接经济效益

地质灾害防治效益还存在其他无法用数据衡量的收益，这样的收益是巨大的，我们将其统称为地质灾害防治间接经济效益。通过采取地质灾害防治措施，可避免地质灾害的发生或降低其发生的概率，减轻地质灾害对农林牧渔业、基础设施、人民财产造成的损失，其中产生的间接效益明显，通常无法用数据衡量。

三、地质灾害防治社会效益评价

地质灾害防治的社会效益主要体现在减少人员伤亡和受灾人口、减轻

人们精神负担或心理创伤、保证社会生产与生活活动正常开展、保护重要基础设施、促进地区经济社会可持续发展等。一般主要运用两个量化指标去评价地质灾害防治的社会效益，即地质灾害预报成功数量占地质灾害发生数量的比重、避免人员伤亡数量与地质灾害人员伤亡数量之比。当然，地质灾害防治的某些社会效益无法用数据来衡量，将其统称为地质灾害防治定性社会效益，主要体现为地质灾害防治对社会政治、安全、人口等方面的效益和影响。

（一）地质灾害预报成功数量占地质灾害发生数量的比重

地质灾害预报成功数量占地质灾害发生数量的比重这项指标能够反映地质灾害防治、预警预告水平，地质灾害预报成功数量与地质灾害防治社会效益成正比，地质灾害发生数量与地质灾害防治社会效益成反比。因此，预报地质灾害成功数量占地质灾害发生数量的比重与地质灾害防治社会效益成正比，这一指标能够反映地质灾害防治所产生的社会效益趋势。

（二）避免人员伤亡数量与地质灾害人员伤亡数量之比

通过地质灾害的防治、预警预告，能提前对可能发生的地质灾害进行判断，提前疏散人群，避免人员伤亡。避免人员伤亡的数量越大，说明地质灾害防治效果越好；反之，地质灾害人员伤亡数量越大，说明地质灾害防治效果越差。

随着地质灾害防治时间的迁移，针对前期地质灾害易发区域的综合治理，会促使地质灾害致死率下降，地质灾害预警技术的提升也会使地质灾害防治效果明显提升。

四、地质灾害防治生态环境效益评价

地质灾害防治将减轻或消除地质灾害对人民生命财产安全的威胁，促进人与自然协调发展，具有显著的生态环境效益。通过实施地质灾害防治措施，可以减轻地质灾害对生态环境的破坏，减少水土流失，保护山地丘陵区宝贵的水土资源、森林植被、自然景观，改善人居环境等，主要体现在以下几个方面。

（1）对水土保持的影响。地质灾害防治措施的实施会在局部时段、局部区域加剧人为因素的作用，比如某些施工活动会在短时期内破坏地表植被，扰动土体结构，对局部区域的水土保持产生不利影响，但是，防治工程竣工后则有利于改善规划区的水土流失状况，增强水土保持能力。

（2）对植物和动物的影响。地质灾害防治措施的实施对植被的不利影响主要是施工临时占地、土石方开挖、交通道路修建等使植被面积减少，造成短时、局部区域的植被破坏，施工活动还可能会对局部区域内陆生动物的活动造成一定程度的影响，但工程竣工后则有利于动植物的生存生长。

（3）对土地利用的影响。地质灾害防治措施的实施对减少土地资源损毁、改善土地利用结构、促进区域经济持续发展具有重要作用。防治过程中可能临时占用部分农地、林地，但是工程竣工后的土地利用结构将更加合理，有利于人类与自然生态和谐共存。

（4）对景观等的影响。地质灾害防治措施的实施可能会在短时期内破坏原来的地形地貌、森林植被，改变局部地域的景观，但工程竣工后则可以有效保护风景名胜和游客的生命安全，甚至改善自然景观质量。

6.2 生态文明视角下地质灾害防治策略

一、地质灾害防治工作的未来需求分析

（一）服务国土空间开发格局优化，推进生态国土建设，需要完善地质灾害防治工作体系

优化国土空间开发格局，推进生态国土建设，对地质灾害防治工作提出了新的要求。服务国土空间开发规划编制，要求加强地质灾害综合调查与编图，有针对性地编制地质灾害单要素图件和综合性图件。服务水土资源

开发、工程建设与城市管理，要求开展更大比例尺的地质灾害调查，建立三维地质灾害防治框架模型。服务地质灾害防治与环境健康维护，要求加强地质灾害问题专题调查研究，提出地质灾害防治对策与解决方案。服务地质灾害精细化管理，要求推进地质灾害数据库与信息平台建设，完善地质灾害预报预警体系。

地质灾害调查评价，是减少地质灾害损失、促进人与自然和谐发展的基础性工作。近些年来，突发性灾害呈现区域致灾态势，对国家开展重大工程建设产生了较大的影响，同时，重要经济区、生态环境脆弱区等地区的地质灾害严重影响了区域经济社会的发展。这就要求加强对重大工程建设区范围内、重点经济区辖区、生态脆弱区的地质灾害调查评价工作，提高地质灾害预报预警能力，减少灾害损失，服务于基础设施建设。

（二）服务于社会经济发展与生态文明建设，需要推进地质灾害防治工作的成果转化

地质灾害防治工作是实现社会经济可持续发展，解决人口、资源、环境问题的重要保障。随着经济社会的发展，重大工程布局与建设、生态文明建设和环境保护、地质资源开发规划、地质科学发展等都迫切需要加强地质灾害防治工作。通过区域地质灾害调查的深入广泛开展、地质环境和地质灾害监测系统以及地质灾害预警和应急响应中心的建设，将取得一批服务于经济社会发展的基础地质灾害调查成果，这些成果将对生态文明建设起到促进作用。

经济社会发展对防灾减灾提出了更高要求。中央及各地政府均明确提出了加快建立地质灾害易发区调查评价体系、监测预警体系、防治体系、应急体系的基本要求。这是贯彻落实“以人为本”的生态文明发展观，最大限度地减少或避免灾害事件，加快建设资源节约型、环境友好型社会，提高生态文明水平，实现可持续发展的重要决策，也是提高地质灾害多发区人民群众生存生活质量的必然要求。

二、矿产地质工作促进地质灾害防治的未来战略部署

（一）提升地质灾害防治法律法规制度建设的战略部署

推进生态文明建设的重要内容之一就是加强生态文明制度建设。制度建设是推进生态文明建设的重要保障。首先，要进一步完善有利于节约能源资源和保护生态环境的地质灾害防治法律和政策体系。其次，要把生态文明建设纳入依法治理轨道，建立和完善职能有机统一、运转协调高效的生态环保综合地质灾害管理体制。再次，要加强规划和政策引导，综合运用财税等经济杠杆，建立体现生态文明要求的目标体系、考核办法、反馈机制。最后，将灾害防治的资源消耗、环境损害、生态效益纳入经济社会发展评价体系。

应从经济、政治、文化、社会、科技等领域全方位审视和应对地质灾害防治时面临的资源、环境方面的严峻挑战。同时，从法律、法规及顶层的制度设计上着手，大力推进生态文明建设。

（二）加强以人为本的地质灾害治理战略部署

地质灾害治理主要针对威胁人民生命和财产安全的灾害隐患点，采取削坡、锚固、挡墙、护坡、排水、加固、绿化等一系列工程措施，消除危害，促使人与地质环境系统建立新的平衡，一定程度上恢复地质环境系统的调节功能。地质灾害治理必须文明治灾，友好治灾，避免凭借强大的人工系统去“改造”自然，“改善”地质环境，使人与地质环境的关系由对立型、破坏型转向恢复型、协调型。

地质灾害治理应遵循顺应自然、利用环境、因地制宜、因势利导的原则，必须对地质环境灾害隐患点及周边地质环境条件进行详细调查，制定地质灾害治理方案。地质灾害治理方案必须综合考虑地质环境条件、地质灾害与地质环境之间的关系，地质灾害成因，工程治理费用，施工条件等因素，并且对各种治理方案进行比选，选择最优方案。

（三）依靠科技进步，全面提高地质灾害防治能力的战略部署

(1) 科学开展地质灾害防治。适应我国经济社会快速发展的时代要求，

应重点加强地质灾害防治新理论、新技术和新方法的研发与应用，增强地质灾害综合防治能力，提高地质灾害的综合勘查评价和监测预报水平，提升信息采集处理和防灾减灾应急处置能力。积极参与防灾减灾领域的国际合作，及时吸收先进的地质灾害防治理论和技术方法。加强地质灾害防治技术培训和技术服务工作，及时将实用、先进的技术方法应用于防灾减灾实践。对一时难以实施搬迁避让的地质灾害隐患点，要加快开展工程治理，充分发挥专家和专业队伍的作用。

(2) 科学设计，精心施工，保证工程质量，提高资金使用效率。相关部门要加强对工程治理项目的支持和指导监督，重点加强地质安全隐患识别探测技术、地质灾害成因机制与破坏模式分析、灾害风险判别等方面的研究。

6.3 生态文明视角下矿产地质工作的优化路径

一、矿产地质工作的未来定位与定向分析

矿产地质工作要更加紧密地与国民经济和社会发展相结合，贯彻落实创新、协调、绿色、开放、共享五大发展理念，强化市场、全球化理念，以全球视野、地球系统科学理念规划矿产地质工作。加强面向整个生态系统的地球系统科学理论与应用创新，重点通过多学科、跨领域联合攻关，强化对地球系统包括无机和有机组分及其相互影响规律的整体把握，倒逼矿产地质工作转型升级；统筹考虑矿产地质工作、环境地质工作与生态地质工作的协调平衡，为新型城镇化、工业化、信息化、乡村现代化建设提供基础支撑；加强并拓展环境地质工作，以自然生态系统和环境保护为核心，优化矿产地质工作结构和布局，推动矿产地质工作绿色发展；加强国际合作，与国际接轨，提升矿产地质工作的国际化水平；加强地质调查基础数据共享平台的建设，构建高效的地质调查成果服务体系；加强体制机制创新，以矿产地质工作业务管理体系调整与优化为参照，做好人才保障和智力支持。根据矿产地质工作的定位，结合生态文明建设的要求，未来矿产地质工作的发展方向

如下。

(1) 大力推动资源找矿突破,为国家资源安全和低碳发展做贡献。全力配合国家找矿突破战略行动,加强能源、重要矿产资源地质调查,特别要加强页岩气、天然气水合物、地热等非常规清洁能源和“三稀”矿产、重要非金属等新兴产业矿产资源的调查。

(2) 加强“一带一路”沿线国内相关区域的基础地质调查与信息服务,为推动中国与周边国家的经贸合作和资源合作做贡献。深入做好国内相关区域的地质调查工作,掌握相关区域的相关地质信息。同时,还要采集重要矿业投资目标国的矿产地质信息,逐步建立并完善综合信息服务平台。

(3) 优化矿产地质工作资源配置,为区域发展、产业发展和主体功能定位做贡献。我国各省域发展状况不同,面临的资源环境问题不一样;县域或市域是主体功能区的基本单元,资源环境承载力、开发强度、未来发展潜力和功能定位不一样;不同产业的资源消耗和污染强度也不一样。矿产地质工作要根据不同区域和不同产业的特点,投入不同的工作任务、经费和时间,提升服务能力。城市化地区、农业主产区、生态保护区、海洋等不同区域的矿产地质工作重点不一样。

(4) 提高土地、矿产等国土资源节约利用水平。对于矿产资源,可以通过对不同种类矿山相关基础信息的调查、评价,分门别类地制定政策、法规,引导矿产企业提高矿产资源回采率、选矿回收率和综合利用率,提高资源利用效率和资源开发利用的社会经济效益。对于土地资源,通过规模引导、布局优化、标准控制、市场配置、盘活利用等手段,以节约土地、减量用地、提升用地强度、促进低效废弃地再利用、优化土地利用结构和布局。

(5) 加强自然资源与生态环境的综合调查和管理。运用地球系统科学等综合手段和技术,加强土地、水、森林、矿产等自然资源和生态环境的综合调查与监测,加强自然资源和生态空间确权管理,建立有偿使用机制和统一有效的不动产产权市场,加强核算与考核。

(6) 大力推进生态修复与生态重建。强化绿色矿山建设、强化土地复垦等环境保护和重建工作,不断提高矿山绿色文明和废弃地土地复垦治理水平,促进国土资源优化利用、促进矿产地环境和谐。

（7）建立资源环境、生态和数量、质量、效益多位一体的矿产地质工作技术支持体系和地球系统科学与学科体系。

二、矿产地质工作结构转化的建议

面对国内外矿业和地勘市场严重萎缩的形势，地勘单位必须做出相应的调整，延伸产业链条，加快转型升级步伐，才能在未来的发展中赢得主动。要调整找矿方向，避开产能过剩的矿产资源领域，加强非常规能源（如页岩气、煤层气、页岩油、天然气水合物等）和新型资源的矿产勘查。向“大地质、大国土”方向拓展，主动适应经济社会发展需要，拓宽专业服务领域，在做优传统地勘产业的同时，不断向城市地质、农业地质、环境地质、旅游地质、灾害地质等方面延伸，在城市地下综合管廊建设、环境治理、地质灾害应急排查等领域发挥专业技术作用。同时，大力发展新兴产业，坚持勘查开发一体化，不仅要加强地质找矿工作，同时也要进行矿业开发，这样才能为地勘经济长远发展提供有力支撑。

（一）矿产地质工作观念和地质科学学科体系的转化

矿产地质工作要牢固树立“为生态文明建设服务”的核心观念，为保障资源供给、控制环境污染和保护生态做贡献。要积极践行创新、协调、绿色、开放、共享五大发展理念，主动实现矿产地质工作理念向“大地质观、大资源观、大生态观”转化。即从传统矿产地质工作理念向以“地球系统科学”为核心内容的现代大矿产地质工作理念转化；从以资源保障为主的理念，向资源、环境、灾害防治并重的多目标、多功能的矿产地质工作理念转化；由狭义资源观、资源产业观等资源利用理念向资源生态观转化；由数量管理、质量管理的资源管理理念向生态管理理念转化。

目前，我国地质教育体系完整，规模扩大，实现了由单一学科向多学科的转化，由主要面向行业向立足行业、面向社会转化，由规模较小向规模较大、实力增强转化；未来的转化方向为建立以“创新能力”和服务社会公众为核心的地质人才培养体系，即围绕创新能力，建立涵盖大学前、大学间、大学后、社会层面的完整的地质人才培养体系。

地学学科转化要围绕地学领域的国际前沿问题、重大基础地质问题、重

大地质找矿问题和制约经济社会发展的重大地质问题开展。20 世纪 80 年代到 21 世纪初，地质学科已逐步由矿床地质、工程地质、岩溶地质、探矿工程、地球物理勘查、地球化学向环境地质、旅游地质、农业地质、地质灾害、数学地质、城市地质等新兴学科转化。未来地质学科将不仅围绕社会经济发展需求转化，还围绕服务生态文明建设转化。

（二）矿产地质工作内容的转化

基础地质工作领域，由以基岩填图为主向涵盖森林、沼泽、湿地、海岛、海岸带等特殊地质地貌区填图转化；调查方式由以网格式为主向以目标式为主转化；调查手段和用途由单一向综合转变；地质成果表达与服务由二维向三维、四维转化。矿产地质工作领域和工作重心逐步由铁、铜、铝等大宗矿产逐步向"三稀"、重要非金属等优势矿产、新兴矿产转化；由常规油气调查向非常规、清洁能源调查转化，重点加强页岩气、地热、天然气水合物、地热能等的调查评价；由单矿种、单元素调查评价向多矿种、多元素兼探和综合评价、节约和综合利用调查评价转化。

水工环地质工作领域，在加强传统水工环调查研究的同时，着力拓展与人类生存密切相关的城市群、重要经济区和生态功能区等领域的调查评价。开展水循环、荒漠化、石漠化、湿地等与生态环境的相关性研究，加强全球气候演化与变化规律研究等。加强地下水、地质灾害监测预警体系建设，由事后应急向事前预警转化，由被动治理向主动预防转化。

（三）矿产地质工作对象的转化

传统的矿产地质工作对象主要是矿藏，主要目的是保障国家资源能源供给。新形势下，要求矿产地质工作对象由传统的矿藏向大气、水、海洋、土地、森林、草地、湿地、野生生物、自然遗迹、人文遗迹、自然保护区、风景名胜区、城市和乡村等影响人类生存和发展的各种天然或经过人工改造的自然因素对象转化，通过对这些对象的调查、监测、评价，提供真实数据，服务国家宏观决策、服务国家经济建设、服务社会公众需求。为保护国土资源、节约集约利用国土资源、尽心尽力维护群众利益提供坚实的基础支撑，为保障经济社会可持续发展做出贡献。

(四) 矿产地质工作组织结构的转化

矿产地质工作组织由原来以地质找矿为主要业务的企业、事业单位发展为地质找矿、城市地质、农业地质、环境地质、生态地质、海洋地质等并重的多业务企业、事业单位;由原来以基础地质、矿产地质、水文地质、工程地质、环境地质、地球物理、地球化学、地质测量、地质钻探等为主要业务的工作队伍向以农业工程、地理工程、生态工程、水利工程、环境工程、市政工程和计算机工程等为主要业务的工作队伍转化。

(五) 矿产地质工作技术方法的转化

(1) 矿产地质工作技术创新式转化。积极落实地质科技体制改革各项政策,推进体制机制创新;精心组织实施地质科技支撑计划和基础地质调查计划,培养高层次优秀科技人才;围绕项目实施、科技创新、联合攻关、实验室建设等开展务实合作;加强对地球系统科学计算、信息获取、地理信息系统技术、空间定位技术、地球系统数字等技术方法的应用;加强科研实验基地、重点实验室、工程技术中心、野外观测基地、科普基地等科技平台建设,促进地质科技创新发展。

(2) 矿产地质工作技术开放式转化。加强科技合作与交流,重点推进天然气水合物等的勘探开发、三维地质填图、监测预警、大数据云计算等领域的国际合作,引进国外先进技术方法。

(3) 矿产地质工作技术绿色转化。积极推进绿色勘查、绿色开发。积极采用新技术、新方法,尽最大努力减少勘查活动对生态环境的破坏,比如推广应用浅钻取样技术替代地表槽探,避免地表开挖对山体、草场、树木、农作物等的破坏。勘查活动结束后,加强对工作场地的及时恢复治理。采用先进开采技术,加强对矿山矿产资源的综合利用,努力做到矿渣、废水的零排放、零污染,建设绿色矿山、和谐矿区。

(4) 地质成果协调、共享式转化。信息技术正快速渗透矿产地质工作的各个领域,并开始发挥重要作用,这为实现跨部门信息共享和业务协同化发展,全面推进矿产地质工作的现代化提供了机遇。以社会化服务为目标,以实现地质调查主流程信息化为主线,以基础地质数据库建设为核心,以信息化基础设施建设为保障,全面推进地质调查信息化与资料服务工作,为经济社会发展提供重要支撑。随着网络互联不断延伸,地质调查信息化标准体系初步形成,传统地质资料信息服务体系进一步完善,现代地质资料信息服务加速发展。

(5) 建立信息集群服务体系。建设国家地质信息资源一站式服务门户及服务结点网站集群,形成以中国地质调查局发展研究中心(全国地质资料馆)为主结点,大区中心和专业中心为骨干结点,省级地质资料馆藏机构、省级公益性地质调查单位、行业部门为基础结点的地质资料信息服务集群体系。结合各单位职能和业务发展方向,建立互联共享机制,制定集群服务政策,形成信息资源合理布局、分级服务、上下联动的地质资料信息服务新局面。

(六) 矿产地质工作管理模式的转化

应遵循市场经济规律,深化地勘单位改革,建立企业化管理体制和模式。推动公益性矿产地质工作与商业性矿产地质工作融合发展,建立由政府主导、社会参与的管理模式。

在工作机制创新方面,建立专家咨询和科技议事制度,建立专家库,完善重大科技立项、重大科技投入、重点项目评优的决策机制;建立科技项目联合攻关机制,加强和院校、科研院所的合作。

三、矿产地质工作空间布局路径

矿产地质工作空间布局要以服务国家经济建设为目标,依据国家出台的相关建设规划,按照主要经济区、主体功能区、城市群等进行矿产地质工作空间布局优化。同时,还要针对各区域矿产地质工作的区情,结合各区域的资源禀赋、地质环境,进行矿产地质工作的空间布局,相应安排矿产地质工作的重点。

(一) 矿产地质工作在主要经济区域的空间布局路径

(1) 东部地区以加强生态环境保护、增强可持续发展能力为基本任务,加强基础地质调查。

东部地区经济发达、人口密集,工业化、城镇化程度高,环境受损严重。

长期高强度的经济活动使东部地区已经接近或超过其资源环境承载力，资源环境问题已经成为影响经济社会可持续发展的重要因素，传统高消耗、高污染行业向内陆和腹地转移后，遗留下来的资源环境问题逐步显现，需要加强地质调查与环境污染治理修复。随着东部发达地区居民生活水平的提高，居民对生态环境和宜居程度也有更高的要求。

(2) 中部地区要以加强矿产资源调查评价为主，同时开展地下水、地质灾害等多目标地质环境调查评价与监测。

中部地区是我国重要的能源与原材料基地，由于长期不科学、过度开采，矿区普遍产生了地表沉陷、环境污染、地下水枯竭等环境问题，不仅影响矿区的可持续发展，而且严重影响周边地区的发展。中部地区存在由争夺土地资源和水资源引发的城镇化建设和粮食供给之间的矛盾。中部地区是我国大江大河和湖泊的密集区，河流、湖泊、土壤污染较为严重，区域环境问题突出，中部地区的主要发展特点为经济发展较快，资源消耗增长快，人地关系较为紧张。因此，中部地区矿产地质工作的主要布局为：以矿产资源调查评价为主，同时开展多目标地球化学调查与环境调查评价、地质灾害调查评价与监测，包括矿山城市、生态地质环境调查及缺水地区地下水调查评价。

(3) 西部地区以生态屏障建设和自然资源开发为重点，加强地质找矿突破，成为我国资源接替区与矿产资源后备勘查基地。

西部地区是我国重要的生态屏障和水源涵养区，但是生态环境非常脆弱，崩塌、滑坡、泥石流等地质灾害严重威胁着当地居民生命财产和交通运输的安全，成为制约当地经济发展的重要因素。西部地区还是我国重要的资源矿产接替基地。西部地区的主要地质特点为资源相对富集、缺水严重、生态脆弱。因此，西部地区的矿产地质工作布局为：全面加强基础地质调查，加快矿产资源调查评价，提供一批资源接替区和重要矿产资源后备勘查基地，推进地质找矿突破；加强地质灾害监测与预警、干旱和缺水地区水资源调查评价。

(二) 矿产地质工作在主体功能区的空间布局路径

我国矿产地质工作主体功能区空间布局的总体思路：贯彻落实区域发

展总体战略与主体功能区战略，按照区域主体功能定位和发展内容，确定城市化地区、农产品主产区和生态功能区矿产地质工作的服务方向与重点任务，形成与城市化、农业发展和生态安全格局相适应的矿产地质工作空间布局，推动制约各类主体功能区建设的重大地质环境问题的解决，推进各地区主体功能的强化和提升，具体如下。

1. 城市化地区矿产地质工作布局

东部地区城市化水平最高，中部地区次之，西部地区城市化水平较低。

在东部城市化地区，矿产地质工作要以服务环境污染治理与生态修复、提升城市资源环境承载力为重点，为建设生态宜居城市提供基础地质资料。在城市化地区，重点开展水土污染调查，摸清地下水和土壤污染状况，推进地下水和土壤污染治理，提高区域地质环境承载力；开展城市适宜性评价，服务城市地下空间优化与城市土地资源节约集约利用，为重大工程建设提供保障；完善地面塌陷、地面沉降、地裂缝、海水倒灌等地质灾害的监测网络，提高城市地质灾害防治与监测水平；开展城市资源环境承载力调查评价，以提升城市宜居水平为主要目标，服务城市化建设与城市生态文明建设。

在中部城市化地区，矿产地质工作要以服务城市化建设与找矿突破战略为重点，加强矿区地质环境治理与修复、地质灾害防治，服务国家中部崛起战略；中部地区的长江中游地区岩溶塌陷、湖泊生态退化、矿山环境问题突出，需要针对活动断裂、岩溶塌陷等地质问题进一步开展地质勘查，合理确定地铁线路、过江通道位置和过江方式，支撑过江通道、高铁的规划和建设；太原经济圈、中原经济区等老矿山或资源枯竭型城市面临资源枯竭和绿色转型问题，传统资源开发利用方式带来的地质环境问题突出，固体废弃物存量巨大，矿山环境污染严重，迫切需要加强矿山地质环境调查，促进矿区或资源枯竭型城市绿色转型；长株潭城市群核心区存在岩溶塌陷、砂土液化等工程地质环境问题，需要对工程建设、核心区地下空间开发的适宜性进行评价并提出对策建议。

在西部城市化地区，贯彻国家西部大开发战略，要以工程地质和地质灾害调查为重点，保障城市经济可持续发展和城镇安全建设。其中，西部部分

地区崩塌、滑坡、泥石流点多面广，高发频发，局部地壳稳定性差，活动断裂发育，需加强工程适宜性评价与地质灾害调查评价，以减少重大工程建设对脆弱地质环境的再破坏。并且应该继续加强页岩气等的地质勘查与开发评价，服务我国能源结构优化，践行绿色发展理念。

2. 农产品主产区矿产地质工作布局

东部农产品主产区，要以土壤地球化学调查和水土污染防治为重点，保障粮食主产区生产安全，保障国家 18 亿亩耕地红线政策的实施，服务城镇化与生态文明建设。具体措施如下。①加强粮食主产区的水文地质勘查工作，助力水库等水利设施的升级改造，建立并完善地下水、地表水、土壤污染防治监测网，开展土壤地球化学调查，推动粮食主产区耕地质量的修复与提升，服务粮食生产安全。②黄淮海平原粮食主产区水资源匮乏，地下水开发超采现象突出，土壤盐碱化较为严重，矿产地质工作需要加强黄淮海粮食主产区水文地质扶贫工作与土壤地球化学调查工作，为解决粮食生产用水问题、土壤恢复治理提供基础地质资料。黄淮海地区是南水北调工程的终点，要加强南水北调对流域地下水的影响评价。③在长江下游平原粮食主产区，继续发展绿色农业和特色农业，加强土地质量地球化学调查工作，寻找富硒土壤，服务地方农产品生产。④华南沿海是我国主要水产品产业带，矿产地质工作要加强对海水入侵地下水的调查评价，加强海水倒灌等海洋地质灾害防治。

中部农产品生产区，主要包括长江中游、汾渭平原农产品主产区，要重点开展土壤地球化学调查和水土污染治理与修复。在湘鄂农产品生产区需要加强地质灾害调查，开展土壤地球化学调查，助力特色农业发展。在山西、安徽等煤炭资源富集区要加强资源开发对农产品生产影响的调查评价。

西部农产品生产区中，河套灌区粮食主产区的土壤盐碱化问题突出，水资源较为匮乏，矿产地质工作要加强土壤盐碱化调查，为土壤盐碱化修复提供基础地质资料，同时加强水文地质找水扶贫工作，保障粮食生产、人畜饮水供给与饮水质量；甘肃、新疆粮食主产区，地理位置特殊，位于干旱与半干旱地区，农业种植区主要分布于准噶尔盆地、河西走廊的边缘绿洲地带，矿产地质工作要致力于沙漠绿洲的环境保护，加强土壤荒漠化防治，加强地下水污染防治与保护，保障农作物生长与人畜饮水的安全。

3. 生态功能区矿产地质工作布局

东部地区的三江平原湿地生态功能区，需要加强水文地质工作调查，开展湿地固碳工作调查评价，加强工业开发、农业开发、城市开发对湿地环境影响的评价调查；加强林区矿产资源勘查开发管理，开展林区矿产资源开发适宜性评价，助力林业资源与矿产资源的协调发展。

中部地区，在黄土高原生态区，水土流失严重，草场退化，土地荒漠化较为严重。为保持土壤，延缓草场退化，矿产地质工作需加强对黄土高原生态区的地质环境调查评价，同时开展防风固沙重要性评价，保障生态功能区生态系统稳定。在长江中游生态区，洪涝灾害较为严重，需加强对地表水如湖泊、江河水资源承载力的调查与评价，保障地区生态安全，为各地方制定洪水调蓄政策提供基础地质资料。

西部地区，在重要河流的水源地，加强水环境保护与治理，促进水源涵养，加强长江上游流域主要地质环境问题调查，对生态环境存在的问题进行分析评价；在主要生态旅游区，需要加强旅游资源调查评价，建立并完善地质遗迹调查与保护规划，服务地质公园、湿地建设；在生态自然保护区，矿产地质工作要加强生态保护区地质环境脆弱性评价，加强对生态保护区水土资源的环境监测，为维护生物多样性及生态系统稳定提供地质资料；在贫困山区，加强地质扶贫工作，解决人畜饮水困难问题，保障地方粮食生产；在生态功能区找矿方面，需要加强对生态功能区矿产资源勘查开发的适应性评价，在保障我国资源能源供给稳定的前提下，保证生态功能区生态系统和环境的稳定。

（三）矿产地质工作在水资源方面的空间布局路径

聚焦中西部地区，加强水文地质扶贫工作，围绕精准脱贫战略，解决好农田灌溉“最后一千米”问题，为实施乡村饮水安全巩固提升工程提供地质资料。地下水勘查需紧紧围绕乡村饮水安全、农田灌溉保障、防洪抗旱减灾、水资源开发利用与节约保护、水土保持、生态建设与乡村水电开发，补齐水利基础设施建设短板。

在水污染治理方面，推进大江大河大湖治理，加强大江大河大湖等地表水监测，完善水污染防治网络与体系，对已污染水域进行修复治理。

在水利工程建设方面，加快控制性枢纽建设，在中西部地区建设一批跨流域、跨区域引调提水工程。矿产地质工作要加强对水域重大控制性枢纽建设的适应性评价，减少工程对生态环境的破坏。针对跨流域引调提水工程，水文地质工作要着力加强引调提水对当地地质环境的影响的调查评价。

在防洪涝灾害方面，开展海绵城市建设，统筹城市蓄水设施、排水管网、排涝泵站、堤防护岸建设，合理布局并建设一批重点水源工程和重大城镇供水工程，开展城市节水综合改造工程，加大截污控源、中水利用、雨污分流、清淤保洁和岸线整治力度。矿产地质工作在服务国家海绵城市建设方面，需要加强城市地质工作，开展土地资源节约集约利用、城市地下空间适宜性评价，加强城市地质环境调查评价，通过测绘，建立并完善城市地质信息库，加强三维地质结构调查与评价，助力海绵城市建设。

（四）矿产地质工作在土壤方面的空间布局路径

在土壤污染防治方面，《全国土壤污染状况调查公报》显示，从污染分布情况看，南方土壤污染重于北方；长江三角洲、珠江三角洲、东北老工业基地等部分区域土壤污染问题较为突出，西南、中南地区土壤重金属超标范围较大；镉、汞、砷、铅四种无机污染物含量分布呈现从西北到东南、从东北到西南方向逐渐升高的态势。依据土壤污染空间布局，矿产地质工作要采取点面结合方式促进土壤污染治理修复，防治土壤污染。具体措施如下。

(1) 南方地区优先加强土壤地球化学调查，开展土壤污染修复，针对土地资源的不同用途，以地球化学工程为主，研究土壤污染修复机理和方法，研究制定经济、有效和适用的地球化学治理技术及修复标准。

(2) 长江三角洲、珠江三角洲、东北老工业基地等重金属污染严重的区域，加强基础性、公益性矿产地质工作，应用生态地球化学理论和方法，加大土壤重金属污染治理，为建设生态文明提供坚实支撑。

(3) 西南、中南地区的土壤重金属超标区域，主要是由于重金属矿山开采产生的尾矿及废水、废渣排放及堆放导致重金属元素进入土壤。矿产地质工作要研究不同类型矿床、围岩、土壤、水体、水系沉积物、尾矿坝等地质体中有害元素含量、组合特征及赋存状态，研究采冶过程中元素的迁移转化规律，查明影响元素活化的主控因素，评价有害元素由内生作用到表生作用、从自然过程到矿山采冶等不同阶段的环境效应，建立监测预警体系，为矿产资源的科学利用提供依据。

(4) 其他重金属污染较轻的地区，要继续加强土地质量与生态地球化学评价，主要研究影响土地质量和生态安全的地球化学因素，建立不同尺度的评价方法及技术体系，为土地资源科学规划利用与保障耕地质量安全提供依据。

总体上，在土壤方面，矿产地质工作要继续加大生态地球化学监测及预测预警体系研究，研究土壤重金属元素时空演化规律及控制因素，建立环境质量评价、生态风险评估和预测预警模型，提出降低土壤重金属生态风险和阻断危害的措施。

(五) 矿产地质工作在森林资源方面的空间布局路径

《林业发展“十三五”规划》中指出林业布局如下：以国家“两屏三带”生态安全战略格局为基础，以服务京津冀协同发展、长江经济带建设、“一带一路”建设为重点，综合考虑林业发展条件、发展需求等因素，按照山水林田湖生命共同体的要求，优化林业生产力布局，以森林为主体，系统配置森林、湿地、沙区植被、野生动植物栖息地等生态空间，引导林业产业区域集聚、转型升级，加快构建“一圈三区五带”的林业发展新格局。在“十三五”期间，矿产地质工作以服务森林保护为基础，以促进林业生态文明建设为目标，依据林业发展规划所做的具体空间布局如下。

(1) “一圈”为京津冀生态协同圈，是地处北方农牧交错带前缘的生态过渡区，生态环境极为脆弱，长期的过度开发、地下水超采，造成生态空间严重不足，生态承载力已临近或超过阈值，大气污染、土地退化、人口资源环境矛盾凸显。矿产地质工作布局的重点为：①以扩大环境容量和生态空间为目标，开展生态承载力调查评价；②加强水源地、风沙源区和环渤海盐碱地生态治理，积极开展地质环境调查监测；③服务国家公园、森林公园、湿地公园建设，加强区域地质遗迹公园建设规划，加大区域旅游资源调查评价。

(2) “三区”为东北生态保育区、青藏生态屏障区、南方经营修复区，作为

我国国土生态安全的主体，是全面保护天然林、湿地和重要物种的重要阵地，也是保障重点地区生态安全和木材安全的战略基地。在东北生态保育区、青藏生态屏障区，加强对矿产资源勘查与开发利用适应性的评价；针对保育区、生态屏障区已开发的矿区，加强矿区地质环境调查，加强地质灾害防治；开展矿区地下水与土壤防污染监测，减少矿产资源开发对林地地质环境的影响。在南方经营修复区，加快退耕还林，治理水土流失，防治石漠化，着力加强水土流失调查监测，开展土地石漠化调查监测。

(3)“五带”为北方防沙带、丝绸之路生态防护带、长江(经济带)生态涵养带、黄土高原-川滇生态修复带、沿海防护减灾带。

北方防沙带主要地质环境特点为干旱缺水、土壤瘠薄、次生盐渍化严重，林草植被覆盖率低，生态非常脆弱，是我国主要的风沙策源区和灾害严重区。在矿产地质工作方面，重点开展水文地质工作，致力找水扶贫，保障农业生产与人畜用水；开展土壤盐渍化调查，采用生态地球化学方法进行土壤修复；加强生态脆弱性评价、地质灾害调查监测，保障地方经济发展。

丝绸之路生态防护带，东段以湿地保护为重点，保护和修复淮河中下游河湖湿地；中段侧重山地水土流失治理和水源地保护，加强山地生态修复，增加森林植被，提高森林质量；西段以防沙治沙和绿洲防护为重点，构建乔灌草相结合的防护林体系。服务区域国家公园、自然保护区、森林公园、湿地公园、沙漠公园建设，需要建立并完善地质遗迹数据库，编制地质公园总体规划和年度计划，并以此为指导开展园区内地质遗迹保护与管理工作；开展土壤地球化学调查评价，为利用充足的土地、光热条件发展特色林果业提供地质资料。

长江(经济带)生态涵养带主要地质环境特点为坡耕地多，人均耕地少，森林、湿地、山地草场、生物物种和水资源极为丰富，武陵山地是我国乃至全球生物多样性最丰富的地区之一，长江中下游湖泊群是我国重要的淡水湖泊湿地集中分布区和候鸟栖息地与驿站。在全面提高自然保护区管理系统化、精细化、信息化水平，优化保护区空间布局的基础上，加强对自然保护区地质环境的调查与评价，为保护生物多样性、筑牢生态安全屏障、确保生态系统安全稳定和改善生态环境质量提供基础地质资料。长江上游地区生态系统比较脆弱，在矿产地质工作中要对这些地区的生态系统脆弱性进行调查评价与研究。

黄土高原-川滇生态修复带的黄土高原东西长千余千米，是世界上黄土覆盖面积最大的高原，气候干旱，降水集中，植被稀疏，水土流失非常严重；横断山脉南北纵贯九百余千米，是全球生物多样性热点地区，东西骈列，江河并流，山高谷深，古冰川侵蚀与堆积地貌广布，重力作用致山崩、滑坡、泥石流乃至地震频繁，水土流失严重，生态环境十分脆弱。在此区域加大生态区水土流失综合治理，开展重要生态区域的水土保护治理工作，实施点（面）源污染控制、生态恢复，实现生态区旅游开发与生态保护双赢。

沿海防护减灾带纵贯我国热带、亚热带、温带三个气候带，自然条件多变，生态系统多样，灾害性台风、赤潮、海啸和风暴潮频发。在矿产地质工作中要开展海洋地质灾害防治，针对海水入侵地下水、赤潮等地质灾害进行监测；开展湿地生态系统碳容留量及固碳的调查与评价研究，尤其是红树林生长茂盛、固碳能力相对较高的沿海地区，对于积极保护与合理利用湿地资源、降低全球碳排放量、促进区域经济发展具有重要意义。

在“十四五”期间，森林资源方面的矿产地质工作也应围绕国家总体规划进行合理布局。

（六）矿产地质工作在大气资源方面的空间布局路径

当前，我国大气污染形势严峻，以可吸入颗粒物（PM_{10}）、细颗粒物（$PM_{2.5}$）为特征污染物的区域性大气环境问题日益突出，损害人民群众身体健康，影响社会和谐稳定。随着我国工业化、城镇化的深入推进，能源资源消耗持续增加，大气污染防治压力继续加大。矿产地质工作在大气污染防治的进程中发挥着重要的作用。矿产地质工作支持大气污染防治应从矿产能源结构优化、大气污染物控制等方面进行空间布局。

（1）矿产能源结构优化。在新常态下，国家的能源资源需求发生变化，对矿种的需求倾向性更加明显，为减少大气等环境污染，减少对煤炭资源的依赖，加大对页岩气、煤层气等非常规清洁能源勘查开发的支持力度，加强对铀矿、地热、浅层低温地热等新型能源的地质勘查。东部地区经济发达、人口密集的城市群，应大力推进清洁能源的开发和利用，限制或禁止一些传

统高污染、高碳能源的使用，从根本上防止大气污染物超标排放。中部地区的矿产资源开发地，应根据国家需求形势制订矿产开采计划，控制矿山的开采强度，防止开采活动对大气造成污染。西部地区大力推进低碳清洁能源的使用，推进西南山区页岩气的开采，同时优化矿产的开采模式，在开采过程中加强尾矿的无害化处理。

（2）大气污染物控制。城市化地区应以服务城市建设、重大工程施工为主要任务，结合施工区域的地理地质环境，合理布置工程的区域位置，保持大气污染物的有效疏通。矿区应完善矿区大气污染物监测系统，同时加强矿区废弃物的处理工作，避免矿区大气的污染及扬尘的扩散。荒漠化地区应加强动态监测与调查评价，为加速荒漠化过程逆转提供基础地质资料。湿地地区应针对 CO_2、CO 等温室气体及污染物的捕获和储存等相关工作的需求，加大对湿地固碳能力的调查评价工作。

（七）矿产地质工作在矿产资源方面的空间布局路径

围绕新型城镇化、工业化、信息化、农业现代化、绿色化战略，依据区域资源禀赋、经济社会发展状况、资源环境承载力等，进行矿产地质工作在矿产资源方面的空间布局。

（1）东部地区。加大市场需求旺盛的矿产资源的勘查、开发与利用，保障国家资源供给。对资源丰富但需求量不大的优势矿产资源实施开采总量管控。在矿产资源开发前，对区域环境承载力及矿山环境扰动量进行评价，建立环境评价指标体系和技术标准，开展绿色矿业发展规划。通过矿山环境治理和生态恢复，实现矿产资源开发前后对生态环境扰动最小化和生态环境再造最优化。以3S技术（遥感技术、地理信息系统、全球定位系统）、互联网以及物联网技术为支撑，构建东部沿海区域矿产资源开发一体化网络，实现对区域内因矿产资源勘查开发而引发的生态环境污染的动态协同监测和联防联治。

（2）中部地区。中部地区矿产种类和储量总体比较丰富，以能源矿产和有色金属矿产为主，铁矿等非能源、非有色金属储量较少。因此，中部地区主要是发挥资源特色，攻深找盲。在矿山生态环境保护方面，研究制定区域矿山生态环境保护方案，加强地质旅游资源建设，实现保护资源和促进发展相统一。并且中部地区要充分利用国家中部崛起战略等机遇，推进绿色矿山建设，实现资源型城市或矿区经济可持续发展。

(3) 西部地区。西部地区是矿产资源主要富集地区，也是生态环境承载力脆弱、经济欠发达地区。加大矿产资源勘查、勘探力度，促进西部地区资源经济发展是矿产地质工作的重点。另外，西部地区生态环境较为脆弱，在经济发展过程中，要大力发展能源矿产资源节约型的特色优势产业。在矿山生态环境保护方面，应加大对矿山生态环境保护力度，稳步推进矿山土地复垦，实施矿区生态补偿政策，进行和谐矿区示范基地建设，强化矿山尾矿库的无害化处理，推动西部地区绿色矿山建设，形成矿产资源开发、经济发展和生态环境保护的良性循环。

(4) 在能源矿产方面，围绕我国工业化需求重点进行新型油气资源和铀矿资源的调查，包括南方页岩气基础地质调查、新能源等矿产地质调查、全国油气资源战略选区调查以及北方砂岩型铀矿调查评价，保障新型城镇化、工业化能源供应。

（八）矿产地质工作在海洋资源方面的空间布局路径

在近海矿产与能源区应开展矿产能源资源勘查与潜力评价，特别是油气资源和天然气水合物的勘查，这对优化我国能源资源开发利用布局，提高能源资源接替能力有着重要的意义。在港口航运区、工业和城镇用海区，海洋地质工作应该以基础地质工作和水工环综合地质调查为主，开展近海基础地质调查，为完善我国海洋基础地质信息，维护国家海洋权益，提高资源保障能力做贡献；开展海岸带水工环综合地质调查，查明海岸带地质环境演化规律和人类活动对地质环境的影响，探索海陆相互作用的机制和影响因素，提出海岸带资源开发利用与生态地质环境保护措施。

在农渔业区、旅游休闲娱乐区、海洋保护区等区域则应以开展海岸带地质环境监测和地质灾害预警、环境保护、海洋生态治理为主。

总体上应加强海洋地质科研和海洋地质规划研究。逐步形成创新型海洋地质勘查和资源开发技术与装备体系。立足海洋基础地质、矿产地质及水工环地质现状，研究制定我国海洋地质工作中长期发展规划。

第7章　生态创新视角下矿产资源密集型区域的可持续发展

生态创新是推动现代经济社会可持续发展的重要驱动力，生态创新强调环境收益的目的性，同时生态创新致力于通过技术创新促进效率的提高、改善自然生态环境、提升区域或企业的竞争力，在技术上为可持续发展提供支持。

7.1　矿产资源密集型区域的相关概念及理论基础

一、矿产资源密集型区域的界定与特征

（一）矿产资源密集型区域的界定

矿产资源的不均衡分布产生了矿产资源聚集的区域，以及依托矿产资源的开发利用而兴起并发展起来的区域，在这些区域可以形成矿产资源型城市。目前，学者们依据不同的标准对矿产资源密集型区域有着不同的界定，常见以下几种界定方法。

（1）依据矿产资源的种类，把矿产资源密集型区域界定为以下三类。

第一类是以煤炭资源的勘测采掘与加工为主的区域，如河南的平顶山市、贵州的六盘水市、陕西的榆林市、内蒙古的鄂尔多斯市等。

第二类是围绕金属资源以金属资源开采开发或以冶金工业为主的区域，如山西的太原市、四川的攀枝花市、甘肃的白银市等。

第三类是以油气能源开采利用为主的区域，如陕西的延安市、黑龙江的大庆市、河北的唐山市、甘肃的庆阳市等。

(2) 根据矿产资源产业的资源保障能力和可持续发展程度的不同，将矿产资源密集型区域划分为四种类型，分别是成长型、成熟型、衰退型和再生型。

第一类是成长型矿产资源密集型区域，是我国能源资源后备供给基地，其矿产资源有充足保障，资源的开发利用处于上升期，经济社会发展的潜力巨大。

第二类是成熟型矿产资源密集型区域，是我国能源资源安全保障的基础，这些区域的矿产资源保障能力强，矿产资源的开发利用已具有一定规模，处于稳定发展的阶段，经济社会发展水平较高。

第三类是衰退型矿产资源密集型区域，是区域可持续发展重点研究的对象，这些区域的矿产资源已经开发殆尽，经济社会发展不平衡，生态环境破坏较严重。

第四类是再生型矿产资源密集型区域，该类区域已经找到适合自身社会经济发展的新路径，不再纯粹依赖矿产资源。

(3) 按矿业开发与城市形成先后次序，将矿业城市界定为无依托型矿业城市和有依托型矿业城市。

第一类是无依托型矿业城市，指的是在原来没有城市的矿区因为开采矿产资源而逐渐形成的矿业城市。

第二类是有依托型矿业城市，指的是原来已经有成规模的城市，在城市发展的过程中又新发现了矿产资源，进而进行矿产资源开发利用，这样原来的一般城市就具有了矿业城市的特征和功能。

(4) 依据矿业产值和矿业从业人员的比重界定，可将矿产资源密集型区域分为典型的矿产资源密集型区域和非典型的矿产资源密集型区域两种类型。但依据什么样的标准去定量界定，至今仍未形成统一的意见。

综合上述观点，根据本书的内容和特点，选取典型的矿产资源密集型区域作为研究对象，依据对部分矿产资源密集型区域的实际调查研究情况并结合统计数据的可得性，考虑采用以下标准对此类区域进行界定：①采矿业总产值占区域工业总产值的比重在10%以上；②矿业从业人员占区域全部工业就业人员的比重在15%以上。同时满足这两个标准的区域为典型的矿

产资源密集型区域。

（二）矿产资源密集型区域的特征

矿产资源密集型区域有着与其他区域明显不同的特征，具体如下。

（1）区域社会经济发展强依赖于矿产资源。其主导产业或支柱产业是依托该区域具有优势的矿产资源发展起来的，因此该区域的社会经济发展状况直接和矿产资源的开发、利用程度息息相关，资源的充裕情况也直接影响着区域的发展前景。

（2）效益递减性。矿产资源的开采一般都要遵循先易后难、先上后下、先近后远的规律。随着产业周期的推进，矿产开采的难度越来越大，成本越来越高，导致经济效益递减，这种情况有时还会体现在社会效益和环境效益上。

（3）区域发展和矿产资源开发利用的周期紧密相关。在矿产资源开发早期和中期，矿产资源开发带来超额效益，区域财政收入迅速增加，人力和财力大量聚集，基础设施建设快速发展，但是在资源开发的后期，由于生态环境恶化，资源开发效益降低，区域发展速度也随之下降。

（4）区域第二产业比重大，结构单一。矿产资源密集型区域的产业因资源开采而兴起，产业结构和资源开采紧密相关。采掘业及与其相关联的产业在工业总产值中占有较大比重，第三产业发展相对不足。

（5）生态环境破坏严重。在开发矿产资源的过程中对区域自然景观和人类赖以生存的大气、水、生物等自然生态环境都会产生非常严重的影响，乃至影响着人类日常的生产生活。矿产资源密集型区域面临着更为严峻的资源环境保护压力。随着开发过程的推进，矿产资源密集型区域的环境遭到严重破坏，引发空气污染、植被破坏、水土流失、水污染等一系列严重的环境问题，而且生态环境一旦遭受破坏，短时期内很难得到恢复。

（6）矿产资源开发利用的各个环节都需要大量劳动力，同时又缺乏先进技术和设备的应用，妨碍了区域的可持续发展水平。

（7）区域经济受到外部经济因素的制约明显。我国加入世界贸易组织以后，经济的全球化更直接影响到矿产资源密集型区域的发展，同时国家宏观政策的变化也制约着区域经济的发展。

二、区域可持续发展的内涵

可持续发展要求在满足当代人对自然资源需要的同时，也能满足后代人发展对自然资源的需要。其社会学内涵强调人类社会拥有平等发展的权利，既包括当代人还包括后代人，既包括同一区域还包括不同区域；其经济学内涵强调经济的可持续发展不同于传统意义上的经济增长，它要求实现的是包含环境收益在内的社会总财富的增加；其生态学内涵强调人类的活动必须限制在生物圈的承载力之内，不能破坏环境系统的再生能力。

可持续发展是一个在时间和空间维度下以人为中心，社会、经济和环境各个要素相互影响、相互制约的复杂系统。

区域是实现可持续发展的基本载体之一，区域可持续发展是强调本区域的资源不仅能满足当代人的需要还能保证后代人需要的发展。区域可持续发展是一个由环境、社会和经济等要素相互影响、相互制约的系统，这些要素组成自然生态环境子系统、社会子系统和经济子系统。区域自然生态环境子系统对区域经济和社会的可持续发展既起到了支撑作用，又起到了决定作用，它要求区域内当代人在使用自然资源时，既要尽量减少对自然生态环境的破坏，保证生物圈的再生能力，也要满足后代人和其他区域的人对不可再生资源的需求。区域社会可持续发展为区域经济和自然生态环境可持续发展提供了动力和保障，它既要求创造和提供尽量好的社会基础设施，能够满足当代人的需要，也要为能够满足后代人的需求提供条件；还要求当代人和后代人、区域内和区域外的人能公平拥有各种资源，这些资源包括自然资源和社会公共资源。只有自然生态环境子系统的可持续发展和社会子系统协调发展才会带来经济子系统的长久健康发展。只有三个子系统相互作用、相互协调、相互促进，才能实现区域的持续、稳定、健康发展。任何一个子系统出现问题都有可能危害到整个系统的持续、稳定发展，三个子系统之间的和谐程度直接决定着整个系统的畅通程度。

三、理论基础

（一）生态创新理论

工业革命创造了巨大生产力，使社会面貌，特别是物质世界发生了巨大的变化。但是在社会经济发展的过程中，人类活动对自然环境造成的影响越来越大，雾霾、酸雨、沙尘暴等一系列环境问题已经严重危害到人类的生存和生活。显然，工业革命开创的这种物质世界的新秩序并不是人类社会发展所期望的，需要探索一种更加先进、更加优越的新秩序来解决经济社会发展与生态环境的矛盾，以达到通过有限的资源实现可持续发展的目的，这个新秩序构建的动力，就是生态创新。生态创新是以环境收益为目的，以可持续发展为目标的创新。如果说创新是发展的动力，则生态创新就是可持续转型的动力。

1. 生态创新的内涵

随着人们对生态环境问题的日益关注和世界环境议程的不断演化，当今学术界尚缺乏多学科之间的整合协同，还没有一个统一的定义，不同的专家学者、不同的学科对生态创新的理解也不尽相同。

生态创新概念兴起的时间不长，国内外学者研究的对象不同，侧重点不一样，理论基础也不同，这些因素导致缺乏统一的分析、研究体系。但从现有的研究成果来看，这些关于生态创新的各种理论没有本质上的冲突，甚至还有相似之处，尽管角度不同，但都试图从全面、整体、系统的高度来诠释生态创新的概念。

生态创新结合当前社会出现的生态环境问题，运用经济的眼光和手段，开拓了一个崭新的领域。它以熊彼特的创新理论为基础，但又不同于熊氏创新。熊氏创新假定具有创新精神的企业家是理性经济人，而生态创新则假定其为理性生态经济人，寻求自然生态环境和经济的同步建设与协调发展，即在生态环境得到保护的前提下追求经济的可持续发展。这是创新理论在一个全新领域的又一发展。

2. 生态创新的特征

(1) 新奇性。生态创新具备一般创新的特性:新奇性。新奇性是针对企业或用户而言的,既指一项技术的开发,也指技术的采用和扩散。

(2) 环境收益的目的性。虽然有些学者认为创新可能会导致无意识的环境收益,但生态创新的本质决定着它与一般创新的最主要区别就是要求创新结果必须产生环境收益。

(3) 双重外部性。所谓双重外部性,是指生态创新既具有因创新溢出效应而导致的环境正外部性,也具有环境的公共物品属性所带来的环境负外部性。生态创新产品可以导致正的外部效益,含有更高的价值,在创新扩散阶段会带来超额的收益;生态创新要求创新结果必须产生环境收益,要求产品拥有更高的技术含量,会使创新在研发阶段缺乏动力。

(4) 技术推动与市场拉动效应。双重外部性对市场拉动效应同样产生作用。公众压力和消费者需求被认为是生态创新的重要推动力。如果市场力量不能够对生态创新产生充足的激励,消费者就不会产生充分的支付环境改善费用的意愿。从创新的"推拉模型"可以看出,技术的推动作用在创新的研发阶段比较显著;而市场的拉动作用在创新扩散阶段较为明显。

(5) 制度创新的重要性。为改善自然生态环境,仅仅依赖环境技术创新是不够的,因为当前人们面临的可持续发展问题不仅仅是技术问题,它还和人们的观念、文化、法律法规等相关。制度创新包括非正式制度创新和正式制度创新,非正式制度创新主要通过改变人们对环境问题的认知与态度、生活方式、消费习惯等为生态创新做好市场铺垫;正式制度创新则主要通过建立新的科学评估方式和公众参与方式来提高决策效率和质量。

(二) 可持续发展理论

伴随着全球工业化程度的快速提升和城市化进程的不断发展,人们在享受越来越丰富的物质文明与精神文明的同时,也对大家所赖以生存的自然生态条件提出各种疑问,如地球上的资源还能在多长的时间内满足人类的生存需要?子孙后代对资源、生态的需求如何满足?人类的生活环境和生态环境如何保证?自人类社会发展进入20世纪以来,水土流失加剧、全球

气候变暖、自然灾害频发等生态环境问题日益凸显。

伴随着对传统发展模式的否定，学者们也在一直对新的发展模式进行探寻。《寂静的春天》《增长的极限》《我们共同的未来》等作品陆续问世，可持续发展理论作为一种全新的发展理念受到人们普遍的关注和推崇。

可持续发展要求社会进步、经济增长、生态良好，社会、经济和自然生态环境三个子系统的可持续发展彼此联系、制约和相互适应与作用。生态良好是可持续发展的基石，经济增长是导向，而可持续发展的最终目的是实现社会进步，三种子系统的可持续发展既高度统一又协调发展。随着可持续发展研究的不断深入，新的研究理论和研究视角不断涌现，使得可持续发展理论不断完善。

综上可以看出，可持续发展理论是一种不同于传统经济发展方式的多维、宏观的系统理论。其核心内容是保持人与自然之间的平衡。探求满足人类发展需求的同时，不损害地球的自然生态环境，找出人与自然生态环境保持和谐关系之路；努力实现同代、代际关系的和谐。通过舆论引导、观念更新和政府规范、法制约束等正式制度对人类活动的共同作用，达到同代之间、代际之间关系的公平与公正。可持续发展谋求的是人和自然的协调健康发展，人类在享有大自然带来的物质和精神馈赠的同时，要肩负起保护生态的重任，建立一个资源节约、环境友好的社会。可持续发展更深层次的内涵也包括提高人类自身素质水平，从而实现人的全面发展的内容。

总体来说，可持续发展不是传统意义上的发展过程的连续性和不可中断性，它是以环境有限的承载力和不可再生的能源为基础实现人类长久发展的战略。从时间层面上来看，它是不以牺牲后代人利益谋求当代人利益，也不以明天的利益换取今天利益的一种发展；从空间来看，它立足于人类整体的长久发展，而不是单个区域、某一国家的发展；可持续谋求的是人的全面发展，提倡走生态绿色发展之路，倡导改善人居环境。下面通过研究矿产资源密集型区域的发展现状和特征，探讨区域内自然生态环境、经济、社会三者的协调持续发展路径。

（三）创新系统理论

1. 创新系统的内涵

20 世纪 80 年代以来，随着国内外学者对创新理论研究的不断深入和研究对象的逐渐扩展，创新理论的研究开始走向系统范式，国家创新系统(national innovation system，NIS)理论被诸多学者相继提出，随之该理论迅速成为多国学者研究的热点。人们认识到保持国家竞争力的源泉不是初始资源的禀赋，而是保持技术创新、学习、模仿和扩散的过程连续。国家创新系统研究的是影响这一过程的因素，比如国家监管、企业参与、科研在这一过程中扮演着哪种角色，以及如何高效地学习借鉴邻国的政策和制度经验，从而实现技术的进步和经济的赶超。

随着区域经济的发展和国家创新系统理论在区域经济研究中的深入，区域创新系统(regional innovation system，RIS)的概念和理论随之产生。有学者认为区域创新系统是由企业和大学科研机构构成的组织体系，该体系内部在地理位置或业务分工上彼此关联，鼓励企业和科研机构之间彼此合作进行技术创新、制度创新，重点关注区域创新系统的地理性和网络特征。也有学者对区域创新系统的概念进行了推广和延伸，认为区域创新系统不仅包括生产提供创新产品的企业群和培养技术创新人才的教育部门，还应包括能够制定创新制度的政府机构。推广后的区域创新系统更注重和强调系统中各参与创新活动的主体。近年来，区域创新系统已经成为全球学者们的一个热门研究话题，并受到学者们的持续关注。

2. 创新系统的框架

(1) 弗里曼(Freeman)的国家创新系统框架。

弗里曼认为国家创新系统不仅包括各种制度和技术创新因素，也应该包括为公民提供知识的大学和一些政府基金、规划部门之类的机构，企业的目的是赢取利益。他的理论强调了技术创新与国家经济发展实绩之间的紧密关系，特别是一个国家的专有因素对于该国的经济发展实绩具有极大影响。

(2) 波特(Porter)的国家竞争力钻石理论。

波特提出的关于国家创新系统的学说称为国家竞争力钻石理论。该学说认为形成公平竞争氛围和促进科学技术创新是一个国家永葆竞争力的根本所在,而国家竞争力的保持在于以下四个条件:①要素条件,如自然资源保障、人力资源保障;②需求条件,涉及国家消费需求层次;③相关的支持产业与企业,相配套的产业竞争力;④企业的战略、管理条件,如企业之间的良性竞争促进技术的改革和创新。该理论框架的核心是提高产业竞争力。

(3) 伦德瓦尔(Lundvall)的国家创新系统框架。

伦德瓦尔的国家创新系统突出的地方在于强调学习的重要性,指出生产者、公共部门、终端用户和制度之间通过互动达到相互学习、相互作用的目的。

(4) 经济合作与发展组织(Organization for Economic Co-operation and Development,OECD)的国家创新系统框架。

经济合作与发展组织的国家创新系统强调知识流动是创新系统中各个主体的联系纽带,连接着企业、中介机构、政府部门和科研机构。强调核心问题是知识流动,提高企业的创新能力是目的。

(5) 佩特尔(Patel)和帕维蒂(Pavitt)的国家创新系统框架。

佩特尔和帕维蒂认为在国家创新系统中重要的是国家制度、激励机制和竞争力,这些决定了一个国家技术创新的方向和速度,其中核心是激励机构。认为激励的失效和竞争能力的低效会引起国家创新系统失效。在该系统中政府资助中介机构和科研院所,但政府对企业的间接激励作用往往被忽视。国家制度、激励机制和竞争力决定了该国技术创新前进的方向。

(6) 官建成和刘顺忠的区域创新系统框架。

官建成和刘顺忠认为区域创新系统涉及区域创新内部环境和外部环境。在区域创新内部环境中各个部门之间相互影响、相互合作,这些合作形成的知识在政府、金融机构、研究院所和企业之间传播、扩散。内部环境和外部环境也通过知识流动相互制约、相互影响,而区域的内部环境影响着区域创新的能力。

（7）任胜钢和关涛的区域创新系统框架。

该系统框架认为区域创新系统由两大体系即产业体系和知识创新体系组成，其中产业体系是由大、中、小企业组成的产业集群，知识创新体系由高等学校和科研机构组成。这两大体系直接参与技术创新，而称为直接创新主体。政府决策机构和中介组织不直接参与创新，但是会通过政策制定和成果转化间接影响创新的效果。

（8）张敦富的区域创新系统框架。

张敦富指出区域创新系统由管理系统、中介服务系统、创新机构、创新资源四个部分相互关联、相互协调、共同演化而成。

3. 创新系统的动力因素分析

创新系统的动力因素是指推动系统完成生命周期演进的作用力，在创新活动开展过程中，来自系统内外的各种力量相互作用，共同推动着创新活动的持续进行。这些力量的交互作用构成了创新的动力机制，它是创新系统的重要组成部分。创新系统的主要动力因素如下。

（1）政府驱动。政府通常采用创新系统制定政策推动科学技术的变革、协调科技资源以及培育区域经济核心竞争力。因此，一般情况下创新系统是在政府的直接领导下建立的，可以说政府驱动是形成创新系统的原动力。实现科技创新和经济增长是政府驱动的首要目标，科技创新的目的是形成良好的创新环境；经济增长则是政府希望通过区域创新系统实现区域经济稳定、健康、快速增长。

（2）企业需求。在市场经济条件下，单纯依靠政府的宏观驱动不能形成良好的创新系统，还要依靠市场规律的调节。企业的需求也是创新系统形成的重要动力因素。随着全球化的影响越来越深入，某一企业要想在全球众多同行中独树一帜，就必须避免单纯靠低价或采用廉价劳动力的方法增加自身优势，要谋求能长久保持不败竞争力的发展路径。这种不败竞争力是不容易让竞争对手模仿的长期差异化竞争优势，这种优势能够为企业带来长期的利益。

一方面，由于技术研发费用高、技术有公共产品性质的特点，对于任何一个企业来说都不可能拥有一个产业中的所有核心技术，很难独占研发的

技术成果。这就需要企业与企业之间展开横向合作，一起分担研发成本，实现技术创新。另一方面，对于核心技术，企业可能不具备相应的研究条件，比如缺少高级专业技术人员或设备仪器比较落后，这时企业希望能和拥有大量高级技术人员和先进设备的高校及科研院所进行纵向合作来协同完成核心技术的攻关，这样企业的横纵向合作需求变成区域创新系统形成的动力因素之一。

（3）学习机制、溢出效应。只有不断地学习才能实现创新，只有掌握了一定的基础知识才能进行知识的再加工和再应用，这个加工和应用的过程就可以看作创新，因此创新是一个学习、加工、再学习的复杂过程。这就要求进行创新活动的主体要保持学习的动力，建立动态学习机制能够推动创新系统的形成。

在学习的过程中会出现溢出效应。溢出效应指的是某家公司研发出新技术或新知识后经过一段时间社会上其他公司和企业都拥有这种技术或知识的现象。溢出效应可以分为技术溢出和知识溢出，溢出效应能够提高整个社会的社会生产力，并增加创新主体之间的理解和信任。这种理解和信任带来的不仅仅是现期的回报，还能为区域创新主体带来更多的未来收益。

（4）市场需求。技术创新目标之一就是在市场上获利，衡量创新成功与否的有效标准之一就是是否顺应市场需求。在市场上获利的技术创新不一定是标新立异的创新，但一定是能与市场有效结合的新技术。然而在实际中区域创新系统的研究成果能转化为经济收益的较少。造成创新成果转化率不高的主要影响因素是区域创新系统发展不完善，创新系统发展成熟以后市场需求的驱动作用会更加明显。

（5）创新氛围。区域中创新群体的社会习惯、文化水平、价值观念和思维方式对创新的作用即为创新氛围。开拓未知的领域具有较高的风险，因此创新的社会文化应鼓励合作、允许失败，轻松的创新氛围才更能激发创新群体高度的创新积极性。创新系统中人力资源是最具有主观能动性和丰富创造性的要素，轻松的创新氛围就对发展人力资源提出了要求。完备的人力资源除包含创新人才之外，还应包含专业的服务提供者，不论是创新人才还是专业服务提供者，都是创新活动产生和持续发展的关键推动力。因此，

只有建立良好的创新环境，营造广阔的发展前景，提供优越的工作待遇，才能吸引优秀的人力资源来推动技术创新，创新氛围才能成为区域发展的驱动力。

7.2 矿产资源密集型区域可持续发展框架体系的构建

一、生态创新对矿产资源密集型区域可持续发展的意义

（一）提供动力源泉

自工业革命以来，人们在依靠创新迅速改造自然界的同时，也对自然生态环境造成了极大损害。当这种损害越来越大时，人们逐渐意识到自然生态环境对经济增长和社会发展的制约作用，发现自然生态环境不仅仅对人类社会的发展具有重要战略意义，也是现代生产力的基本构成要素。

于是，从 20 世纪 60 年代开始，部分工业发达的国家就开始探索经济发展和生态环境之间的协调发展路径。从采用末端治理措施，到采用清洁生产工艺，再到提出可持续发展理念，所有这些都是生态创新在人类社会发展中的不同体现。生态创新是人们有目的地改变人类与大自然之间的关系，促进自然生态环境系统良性循环，使自然生态环境系统的演化越来越趋于社会化，越来越能够显示经济社会的特点和功能；同时，生态创新还促使经济社会越来越生态化，在社会生产的各个环节也越来越显示出自然生态环境的特点和功能。生态创新要求人类经济社会和自然生态环境协调发展、和谐统一。

人类社会发展所需要的所有物质和能量均来自自然生态环境系统，人们所使用的各种产品是由自然界里的物质和能量转化而成的。如果说创新是发展的动力，生态创新则是推动现代经济社会可持续发展的重要驱动力。

（二）提供最佳模式

从经济的角度理解可持续发展，就是指随着历史的演进，社会总财富不

减少或有所增加，即社会的总资本存量达到非减。保持社会总资本存量的非减性，是社会可持续发展的必要前提。社会总资本包括生态资本（可用于人类社会活动的自然资产）、人力资本（对人力的投资）和物质资本（人类创造的物质财富）。因此，要想实现区域的可持续发展，就要从根本上保证区域内的经济社会和自然生态环境之间协调发展。

如果用 C 代表区域总资本，C_m 代表区域物质资本，C_h 代表区域人力资本，C_e 代表区域生态资本，ΔC 代表区域总资本增值，ΔC_m 代表区域物质资本增值，ΔC_h 代表区域人力资本增值，ΔC_e 代表区域生态资本增值，则

$$\Delta C = \Delta C_m + \Delta C_h + \Delta C_e$$

当三种资本均出现增值时，则区域总资本存量也随之增加，这时的资本组合方式是我们所追求的可持续发展的最优模式，具有高强度的可持续性。

如果 ΔC_m、ΔC_h 出现增值，ΔC_e 保持不变，这时的区域总资本存量仍会有所增长，经济社会继续向前发展，但此时的资本组合模式比较低级，可持续性较弱。

如果 ΔC_m、ΔC_h 出现增值，ΔC_e 出现减少，这时 ΔC 有可能减少，也有可能增加或持平。如果 ΔC 减少，则社会处于倒退状态；如果 ΔC 增加或持平，三种资本组合处于失调形态，不能确保区域的可持续发展。财富总量在替代意义上的持平或增加并不等于可持续发展。保持区域生态资本的非减性，是区域可持续发展的充分条件，原因如下。

第一，区域生态环境演进的不可逆转性是普遍存在的，因此矿产资源的开发利用对自然生态环境的破坏往往也具有不可逆转性。此时，物质资本和人力资本的增值并不能弥补生态资本的减少。所以说，人类的社会生产活动要尽可能少地破坏自然生态环境。第二，纵观世界近代史，可以发现，西方发达国家的工业化，既给西方社会带来了巨大物质财富，又极大地提高了这些国家的劳动者素质；但同时也造成了人类社会的环境污染和资源枯竭。如果把全球的自然生态环境看作一个系统，则这种生态资本的急剧减少，既会影响当代人的生活，又会造成后代人的生态资本不足。但发达国家内部的资本总量却没有减少，甚至有所增加。人类只有一个地球，从长远来看，这种以牺牲生态环境为代价的发展道路迟早会对所有人产生影响，所以

说这种发展方式是不可持续的，因此才逐步形成了目前的可持续发展思想和战略。

人们在对工业革命以来的发展道路不断认真反思的基础上，亟需一种既能够保证生态资本非减，又能够促使社会总资本增值的发展模式。而生态创新恰恰在强调效率的同时又强调环境收益的目的性，所以说生态创新为可持续发展提供了一种最佳模式。对于矿产资源密集型区域，环境污染、生态破坏更为严重，ΔC_e 经常处于减少状态，利用生态创新驱动促进 ΔC_e 向持平甚至增加转变，进而推动该区域的 ΔC 增加，是矿产资源密集型区域可持续发展的最佳模式。

（三）提供技术支持

从前文所述可以看出，实施可持续发展就要坚持经济发展与环境保护同步，促进经济增长和生态效益双赢。这就要求改变以往的发展模式，寻求一种新的既对环境有保护作用又能够保障经济社会平稳发展的技术创新体系，为可持续发展提供技术上的支持。这种技术创新体系要求在技术和管理方面能够带来污染的减少、环境的改善、能源的节约，能够创造出良好的社会生态效益，从根本上提升区域的竞争优势，促进区域的可持续发展。

生态创新主要研究的是如何采用技术创新促进效率的提高、如何通过技术创新改善目前的自然生态环境、如何利用生态创新提升区域或企业的竞争力。这些都与可持续发展的观念不谋而合，同时又在技术上为可持续发展提供了支持。

对消费者而言，随着生态创新观念的深入人心，生态产品越来越受到人们的重视，使用生态产品逐渐成为时尚。对企业而言，采用生态创新技术既降低了成本物耗，又减少了污染，还迎合了消费者的需求和偏好，确立了企业的竞争优势。对于政府而言，生态创新要求政府的行为能够促进自然生态环境的改善、经济的增长、分配的公平、公共基础设施的到位、社会保障体系的完善、社会的公平正义，最终使区域创新能力得到提升、竞争优势得到确立。这些都为促进区域的可持续发展提供了方式或方法。

影响矿产资源密集型区域可持续发展的两个显著因素：一是区域社会经济的发展对矿产资源的强依赖性，如缺乏创新、替代产业跟不上；二是矿

产资源的开发利用造成区域污染严重，生态遭到破坏，人类赖以生存的自然环境质量明显恶化。因此，要想形成区域长期竞争优势，实现矿产资源密集型区域的可持续发展，就必须使区域内政府、企业、居民的行为符合生态创新的理念，在组织、制度、技术等各方面进行生态创新。

（四）提供制度保障

制度是约束人们行为的一系列规则，既包括强制性的制度安排即正式制度，也包括非强制性的制度安排即非正式制度。生态创新制度是指围绕社会经济可持续发展而做出的有利于环境收益的创新行为形成的各种制度。生态创新制度同样包括生态创新正式制度和生态创新非正式制度。生态创新正式制度指的是通过行政手段、法律手段、经济手段约束或鼓励组织和个人做出有利于自然生态环境收益的创新行为形成的规范性权利义务体系。生态创新非正式制度指的是组织或个人自觉形成或通过宣传、教育形成的有利于环境收益的创新行为形成的意识形态、价值观念和风俗习惯。高效率的社会制度能够减少社会活动的交易成本，降低个人和社会之间的收益差距，激励人们积极从事各种社会活动，充分发挥各社会生产要素的作用，促进生产效率的提高。生态创新制度是高效率的社会制度，为实现经济社会的可持续发展提供了制度保障。

未来社会将是人与自然、生态与经济和谐统一的生态时代。为适应未来发展模式的需要，人们有必要改变原有的有关人与自然之间关系的观念，形成有利于自然生态环境和人类协调发展的生态创新观念。生态创新观念的形成为生态创新正式制度的制定提供了一个良好的基础，并减小了其形成的阻力。生态创新正式制度通过行政手段（如环境专项资金投入、环保科研及教育投入、环境产业引导等）、法律手段（如环境保护立法）和经济手段（如开征生态税、实施排污权交易制度、给予环保补贴、收入的二次分配等）来约束或激励组织和个人的环境行为。生态创新正式制度还可以通过对环保知识和环保法规的宣传普及，对人们的价值观、财富观、思维方式、风俗习惯等生态创新非正式制度形成起到积极的调控和引导作用。

在矿产资源密集型区域，通过生态创新非正式制度和正式制度的相互影响，一方面可促进基于生态创新的矿产资源密集型区域可持续发展系统的形成和演化，为矿产资源的开发利用提供支持和约束条件；另一方面还可促进对区域人才、创新资本和创新基础设施等的持续投入。这种对区域生态创新能力的培育和发展，既可以延伸和发展矿产资源产业的上下游产业链，使区域经济的发展摆脱对矿产资源的强依赖性，实现区域生态环境质量的改善和区域经济的可持续增长，也可以形成区域的长期竞争优势，为区域的可持续发展提供保障。

二、生态创新视角下矿产资源密集型区域可持续发展的内涵、特征及目标

（一）生态创新视角下矿产资源密集型区域可持续发展的内涵

1. 传统的矿产资源密集型区域可持续发展的内涵

传统意义上的矿产资源密集型区域可持续发展指的是矿产资源密集型区域通过采取一定的经济政策和环境保护政策，及时解决该区域发展过程中的环境问题和经济发展问题，改变区域发展的不良现状，实现区域社会经济和资源环境的协调发展。

传统意义上的矿产资源密集型区域可持续发展不是真正意义上的可持续发展，它可以改变该区域目前的发展现状，实现短时期内的区域可持续发展。但从长远来讲，并没有形成区域的长期竞争优势，区域发展仅限于维持状态，不具有真正的长期可持续性。

2. 基于生态创新的矿产资源密集型区域可持续发展的内涵

基于生态创新的矿产资源密集型区域可持续发展指的是公众改变传统的消费观、财富观、生活方式等，形成和自然生态环境相协调的生态消费方式和生态生活方式；区域政府、企业、非政府组织（包括研究机构和中介机构）在生态创新观念的影响下，采取积极有效的环境保护措施和对生态创新进行持续投入，形成生态创新驱动的区域可持续发展系统，在改善区域环境质量、实现矿产资源产业持续开发、由非矿产资源产业对矿产资源产业进行替代、创造就业岗位的同时提升区域的长期竞争优势，促进和保证区域自然生态环境、经济和社会的可持续发展。其中对生态创新的持续投入包括对

区域创新人才的培养和引进、对生态创新行为和创业行为的大力支持、对创新精神的长期激励、对创新基础设施（包括文化、制度、信息、实验设备设施等）的持续建设等。

（二）生态创新视角下矿产资源密集型区域可持续发展的特征

1. 系统性

基于生态创新的可持续发展以包含自然、经济、社会等因素的复合开放系统作为研究对象。在这个系统里，人口、资源、环境、经济、社会是基本构成要素。各构成要素会因生态创新观念、生态创新制度、生态创新技术、生态创新组织的作用不断相互影响、相互促进，促使整个系统发展。

2. 区域性

不同的地域具有不同的人口、资源、环境特征，其经济和社会发展的内涵也就不同。因矿产资源分布的不均衡性而形成的矿产资源密集型区域更具有明显的空间区域性特征。这个空间区域里有大量的矿产资源，在矿产资源的开发利用过程中形成了人口与财富的聚集，同时也造成了资源的减少和环境的破坏。矿产资源密集型区域的可持续发展研究必须和其区域特征相结合。

3. 环境收益性

生态创新强调环境收益和创新驱动，为可持续发展提供了最佳模式。对于生态环境恶化的矿产资源密集型区域而言，生态创新所带来的环境收益和效率的提高更能促进区域的可持续发展。

4. 动态性

环境改善、资源利用效率提高是随着科技水平和社会生产力的提高而渐进的过程。随着社会的发展，一方面人们会对良好的生活环境产生强烈需求；另一方面，因为科学技术水平的进步，人们改善环境问题的手段方法也在进步。同样随着矿产资源密集型区域的社会、经济的发展，区域内的资源、环境等因素也在不断变化，这就要求创新技术、创新制度等影响可持续发展能力建设的诸因素也要做出相应的改变。

（三）生态创新视角下矿产资源密集型区域可持续发展的目标

1. 促进自然生态环境可持续发展

通过生态技术创新提高矿产资源的开发、利用效率，减少污染物的形成和排放。同时，在生态创新制度的影响下，政府、企业、居民通过约束、规范自己的行为，改善生态环境，提升生态服务功能价值，促进生态资源的可持续发展。

2. 促进经济可持续发展

企业通过生态创新提高效率、减少成本，实现收益的增加。企业和区域通过生态创新能力建设，形成企业和区域的长期竞争优势，实现非矿产资源产业对矿产资源产业的逐步替代，实现经济增长的可持续，实现就业数量和就业质量的提高，保证区域经济长期、稳定地可持续发展。

3. 促进社会可持续发展

在生态创新观念影响下，人们的价值观、财富观、消费模式、生活方式等非正式制度的改变和生态创新正式制度的形成，促使区域内人口规模保持在适度水平上、人口素质不断提高、城市结构不断优化、城市基础设施建设持续改进、城市与乡村协调发展、社会生活（包括教育、卫生、社会安全保障等）更加公平，从而提高区域的竞争优势和可持续发展能力。

三、基于生态创新的矿产资源密集型区域可持续发展系统的构成要素

基于生态创新的矿产资源密集型区域可持续发展系统是指在生态创新观念的影响下，政府、企业、大学、科研机构、中介组织利用区域内的资源禀赋优势，通过不断的长期共同演化，建立的旨在培育和发展区域生态创新能力、形成区域长期竞争优势、促进区域可持续发展的动态复杂系统。

在基于生态创新的矿产资源密集型区域可持续发展系统中，政府是生态创新环境的建设主体，企业是生态技术创新的主体，大学和科研机构是知识创新的主体，中介机构是可持续发展活动服务的主体。系统运行的实质

是各活动主体在生态经济、生态社会、生态文化等创新环境下对人、财、物等资源的有效使用和分配，形成一定的生态技术创新，并将生态技术创新的成果进行转化，从而对矿产资源密集型区域的自然生态环境、经济、社会造成影响的过程。

（一）政府——生态创新环境的建设主体

生态创新环境是维系和促进生态创新活动的保障因素，政府是区域生态创新环境的建设主体，在基于生态创新的矿产资源密集型区域可持续发展系统中起着非常重要的作用。随着我国社会经济的快速发展，在我国的矿产资源密集型区域，环境污染和生态破坏对人们生产生活的影响已越来越严重，环境保护和生态保护的观念也前所未有地越来越深入人心。

生态观念是时代发展的产物，它是一个动态概念，随着社会的发展而改变。生态观念创新表现在人与自然的关系趋向和谐、传统消费观念向生态消费观念转变、环境权益观念形成、价值观和财富观改变等很多方面。生态观念创新促使政府制定有利于环境治理和生态保护的政策法规，形成生态创新制度。生态创新制度的制定和宣传又推动着人们的生活习惯、文化观念、思维方式等生态创新非正式制度的形成。

在生态创新制度推动下，矿产资源密集型区域政府在经济政策、环境政策、税收政策的制定上，越来越倾向生态保护和创新发展。政府利用矿产资源禀赋形成的财富，在生态保护、创新方面的投入也越来越多，人们价值观和财富观的转变也要求区域政府更关注社会保障体系的完善、社会财富的公平分配与高效使用。通过矿产资源密集型区域政府的这一系列行为可以构筑一个能够促进区域自然生态环境、经济、社会可持续发展，形成区域竞争优势的区域生态创新环境。

（二）企业——生态技术创新主体

生态技术创新是指发展减少污染、减少能耗、提高生产效率的新方法、工艺和产品，是将环境保护新知识与新技术应用到企业的生产与经营活动中，在保证环境收益的前提下实现商品的创新性、实用性和商业价值。

生态技术创新是基于生态创新的矿产资源密集型区域可持续发展系统的核心和落脚点，生态创新环境是为生态技术创新服务的，生态技术创新不在企业里应用，就不能实现其价值，也不能转化为生产力。矿产资源密集型区域内的企业能否把生态技术创新的成果成功转化为现实生产力，是区域内企业能否保持竞争优势的关键，也是区域经济能否可持续发展的根本。

生态技术创新属于一种高成本、高风险的投资活动，技术的高要求和市场的不确定都增加了企业生态技术创新的难度。这就要求企业必须具有一定的资金实力或者拥有可靠的融资能力，这样才能保证对生态技术创新的持续投入；另外也要求企业应具有承担风险的能力，能够应对技术创新活动中的失败。对于矿产企业而言，非常适宜依靠矿产资源禀赋获得的超额利润对生态技术创新进行投入。

目前，在我国矿产资源密集型区域，大型企业多和矿产资源的开发利用相关，这些企业普遍技术水平较低、资源消耗较大，导致的结果是企业生产效率低下、缺乏竞争力，区域环境恶化。企业为了追寻高额的利润，就需要采用新的技术来提高生产效率，但为了规避环境管制和迎合消费者的喜好，就必须注意企业的行为是否环保。企业的这种发展现状要求企业必须实施生态技术创新，只有生态技术创新在企业得到了很好的转化，企业才能提高生产效率、增加产品附加值、提升企业效益。

（三）大学、科研机构——知识创新主体

基于生态创新的矿产资源密集型区域可持续发展系统中的知识创新活动是指人类利用对客观世界所进行的研究，将产生的新理论、新思想、新规律应用于所需要的创新活动中，从而产生新工艺、新技术、新产品、新制度的过程。知识创新是技术创新和制度创新的基础，技术创新所形成的经济成果和技术条件又为知识创新提供了物质保障和技术保障。

知识创新过程有以下几个比较显著的特点。第一，自由性。创新过程就是探索的过程，不应该也不能有很强的计划性。第二，风险性。创新过程受很多条件的限制，任何一个条件的影响都有可能造成创新结果的不确定；另外，创新成果并不一定能很快产生经济效果，市场经济规律对其经常是失效的。第三，高科技性。创新过程往往需要很多高层次人才的聚合。以上三个条件决定了大学和科研机构成为可持续发展系统中的知识创新主体。

大学、科研机构作为知识创新主体，在基于生态创新的矿产资源密集型

区域可持续发展系统中具有以下几个功能。第一，为地方经济服务功能。作为区域内的大学和科研机构应以为地方经济服务为任务之一，在专业设置和研究院所设置方面都应和区域经济特点有所结合，研究领域、研究方向也要依托区域企业，和区域企业的特色相结合，承担起企业孵化器的功能。第二，教育和培训功能。在可持续发展系统中需要大量的高层次创新人才形成区域创新人才基础，而这部分人才除一部分由企业或大学引进之外，更多的是靠自身培养。另外，无论是技术人才还是普通工人都需要定期进行培训，以便掌握或了解更先进的理论和技术。第三，创新功能。高校、科研机构作为高层次人才的聚集地，有创新的知识基础和创新的环境，作为知识创新主体应该更好地为企业提供创新成果。

(四) 中介机构——可持续发展服务主体

基于生态创新的矿产资源密集型区域可持续发展系统中的中介机构包括劳动力市场、科技孵化机构、风险投资机构、科技经纪机构、科技评估机构、信息咨询机构、会计师事务所、律师事务所等各种形式的服务机构。这些服务机构既具有公共服务的特征，又具有市场灵活性的特点。

作为可持续发展服务主体的中介机构，在可持续发展系统中发挥着重要的桥梁和纽带作用。这些机构不直接从事创新活动，但在促进技术创新和科技成果转化方面发挥着重要的协助作用。在这些中介机构中聚集着信息、法律、财务、管理、技术、投资等各方面的专家，可以为企业、政府、大学、科研机构等创新主体提供专业化的服务。

四、基于生态创新的矿产资源密集型区域可持续发展系统的运行机制

(一) 动力因素分析

可持续发展系统的动力机制是指使可持续发展系统中相互依赖、相互影响、相互制约的各个因子各自发挥作用、实现优化组合的内在机制。这种机制使可持续发展系统中的各个因子围绕着系统的目标运转，不断地改变着系统的状况，从而使可持续发展系统向着更高、更新的层次均衡发展。

区域可持续发展系统中的各种生态创新主要源于系统内部的各因素的不协调，当一种或几种因素对其他因素的创新产生阻碍作用时，其他因素的作用力加速了起阻碍作用的因素的更新，使其在某一个时段成为区域可持续发展系统中最活跃和最关键的因素。这些起阻碍作用的因素一旦更新完成，区域可持续发展系统处于协调状态，同时也开始孕育新的不协调因素。可持续发展系统呈现出协调—不协调—协调的螺旋式发展状态。

基于生态创新的矿产资源密集型区域可持续发展系统是一种动态的复杂系统，企业作为生态技术创新主体，是各种影响因素的集中受力点。系统的演进发展主要受企业外部影响因素、内部影响因素和生态创新的技术特点这三方面的影响。在基于生态创新的矿产资源密集型区域可持续发展系统的形成过程中，内部影响因素、外部影响因素、生态创新的技术特点等各种因素相互影响、相互作用、相互协调，共同影响着区域可持续发展系统的运行。

1. 外部影响因素

生态创新的实施是一个复杂的过程，受多种因素的影响。外部影响因素包括环境政策、市场供求、生态创新观念、竞争优势和潜力、科技发展等。这些影响因素也为企业生态创新的实施提供了外部的发展环境。

(1) 环境政策。

在矿产资源开发利用过程中会产生大量的污染，这直接影响着矿产资源密集型区域自然生态环境发展的可持续性，这就要求区域政府必须制定相应的环境政策或采取某些措施对企业(特别是高污染企业)的经济活动进行规制，以促进区域自然生态环境的保护。如要求企业采用某项技术标准，或者规定企业的废气、废水、废弃物排放量等。区域政府也可以采取某些环保政策，对企业提供市场方面或经济方面的刺激以促使企业在环境保护方面做得更好，如采取税收政策进行管理等。

某些环境政策的实施虽然有可能会导致企业成本增加，但也促进了企业对新技术的研发和使用。有时，实行严格的环境保护政策也促使企业采用生态创新技术。学者们发现，创新往往是企业基于对未来政策的预期或者是作为现行政策的副产品被开发出来的。所以说，环境政策和企业对环

境政策的预期有可能是生态创新的一个关键驱动力。相关的环境政策既包括本区域在环境方面的政策，也包括发达区域或发达国家在环境方面的政策，因为优秀企业常常以发达国家的标准作为未来市场发展的方向。

(2) 市场供求。

企业既是某些产品的需求者，也是某些产品的供给者。当供应商对其所提供的设备或技术进行革新后，将推动企业采用新的设备或技术，从而实现生态创新的推广。另外，供给者对其设备或技术的推广态度也直接影响着生态创新的推广程度，大学和科研机构通常是创新成果的积极转让者，所以，与大学和科研机构保持良好合作关系有利于企业获取创新成果。而对于已经采用生态创新技术的企业而言，为了保持企业的竞争力，在使用生态创新技术的初期，往往不愿意推广生态创新技术，形成区域可持续发展系统的阻力。当模仿者比较多时，这些企业通常会倾向转让自己拥有的创新成果，形成系统发展的动力。

随着人们生态创新观念的形成，对生态产品的需求也逐步提升。具有同样功能的产品，生态产品往往有更高的产品附加值，更能吸引消费者关注，生产这些生态产品的企业也就能获取更高的利润。

(3) 生态创新观念。

生态创新观念是矿产资源密集型区域可持续发展系统重要的驱动力，并和其他驱动力相互作用，共同推动可持续发展系统的形成。企业为了提升其综合业绩，会通过其在环保方面的业绩来改善企业形象和展示企业文化。对于矿产资源密集型区域的企业，环保业绩方面的创新直接影响着企业的知名度，而社会公众对其生态创新能力方面的认可是这些创新获得成功的关键。反过来，公众的生态创新观念如公众的生态消费观念直接影响着企业的知名度，推动着企业实施生态创新。

(4) 竞争优势和潜力。

在竞争日益激烈的国内或国际市场，保持区域内企业的竞争优势和发展潜力直接推动着区域的可持续发展。这就要求企业必须不断地革新技术，进行生态技术创新，只有这样企业才能保持或提升其现有的市场地位，取得其他企业无法模仿的能力，保持企业的竞争优势。生态技术创新要求企业既要重视在创新方面的投入，包括人、财、物的投入，也要重视对生态创新成果的应用(包含其他创新主体的创新成果)。矿产资源密集型区域在采用生态创新促进矿产资源产业取得超额经济效益的同时，保持良好的环境绩效，会提高企业的竞争优势和推动矿产企业向非矿企业的转型。非矿企业实施生态创新同样会提升企业的竞争力。因此，竞争优势和发展潜力是基于生态创新的矿产资源密集型区域可持续发展系统形成的强大推动力，它直接影响到区域发展的可持续性。

(5) 科技发展。

科学技术是通过研究和利用客观事物普遍存在的规律，达到特定目的的方法和手段。第一，科学技术的发展推进了生产工具的变革，提高了资源的利用效率和产品的生产加工能力。第二，科学技术的发展对社会的影响具有两面性，一是大量消耗资源，环境污染加重，二是促进了资源节约和环境治理。第三，科学技术的发展促进了新能源和新材料的开发和利用，促使新的经济增长点出现，同时由于新能源的利用也有可能改变原有的能源消费结构，实现资源利用效率的提高和自然生态环境质量的改善，这对矿产资源密集型区域的可持续发展具有特别的意义。第四，科学技术的发展可以促进矿产资源密集型区域可持续发展能力的提高，例如，矿产资源密集型区域借助先进的遥感技术和计算机技术获得区域全面而准确的信息，对区域制定可持续发展规划、进行大规模生态工程的建设以及对各类自然灾害的预报和预防等均有重要的意义。

2. 内部影响因素

在基于生态创新的矿产资源密集型区域可持续发展系统中，企业特点、企业技术实力和企业文化等内部影响因素直接影响着基于生态创新的区域可持续发展系统的能力建设。

(1) 企业特点。

企业特点涉及企业的盈利能力、资金情况、在价值链中的位置、企业规模、行业特点等。企业作为商品生产和商品交换的经济实体，盈利是其追求的基本目标。企业为了追求更多的利润，往往会倾向采用能够降低成本、提高效益的技术。资金状况较好的企业为了获取长期的竞争优势，更可能会

积极地进行生态创新。处于价值链中端和末端的企业迫于具有较强环保意识的客户的压力，也往往对生态创新抱有积极的态度。一些规模较大的企业因资金、技术和人才充足，更可能采用革新程度更高的清洁技术。部分规模较小的企业为了在市场中获得竞争优势，不得不开发出新产品，从而比竞争对手做得更好。具有不同行业特点的企业，对生态创新的需求也有所不同，矿产资源密集型区域有较多会造成大量污染的企业，因这些区域对环境保护的要求较高，就迫使这些企业采用更多的生态创新技术。反过来，这些企业对生态创新技术的使用也推动了区域的可持续发展。

(2) 企业技术实力。

生态创新是一种特殊的技术知识形式，在降低企业对环境危害的同时也增强了企业的竞争力。生态创新要求企业拥有一支具备专业技能的人才队伍，既能促进企业更好地开发或采用生态创新技术，也能促进企业同产业链上下游的其他企业保持良好的合作伙伴关系和信息的有效沟通，这对于企业实施生态创新非常重要。企业可以通过对管理者和员工的教育与培训，提高企业的技术实力，推进生态创新的实施。

(3) 企业文化。

企业在环保和创新方面拥有更加积极的企业文化，就更能重视生态创新的投入。企业管理者的生态创新意识促使企业在管理、战略和制度制定方面更倾向环保和创新。这在一定程度上促进了生态创新的实施，同时也就促进了区域的可持续发展。

3. 生态创新的技术特点

(1) 与现行生产系统的兼容性。

如果一项创新技术与企业现行生产系统的兼容性较好，不需要企业对基础设施、管理模式进行大的改变，也不需要对员工进行较多的教育和培训，那么，这类技术更能被企业采用。

(2) 生态创新的潜在收益性。

生态创新技术往往能够在减少对环境的危害的同时，又能提高资源的使用效率，也就是降低了企业成本。因为生态创新观念的深入，消费者对环保产品有更强的支付意愿，此时，好的环保形象或者具有更高附加值的生态产品往往也会促进企业产品销量的提高，或者产品价格的提高。

(3) 与新技术评估标准的适应性。

随着社会的发展，技术评估标准也会出现变更，那些与新技术评估标准相适应的技术往往更容易得到推广。

（二）运行机制

根据上述对基于生态创新的矿产资源密集型区域可持续发展的内涵界定，及对系统建设主体和影响因素的分析，可将基于生态创新的矿产资源密集型区域可持续发展系统的运行机制描述为：在生态创新观念驱动下，区域政府通过对资源有偿使用、生态补偿、税收调节、环保政策、创新政策的制定，形成生态创新正式制度；并通过生态创新正式制度的制定和宣传，促进人们价值观、财富观、生活习惯和思维方式向生态创新非正式制度转变。

在生态创新制度的影响下，区域政府一方面加大对创新人才的培养引进，加大创新资本的投入，积极建设创新基础设施，形成良好的区域创新环境；另一方面，区域政府通过对环境专项资金的投入、环境产业的投入、环保科研的投入，促进区域环境质量的改善。区域政府通过创新制度建设、创新环境建设、环保产业投入，既改善了区域的自然生态环境，又为区域经济、社会的生态发展提供了条件，有利于区域长期竞争优势的形成。

另外，政府利用生态创新制度对企业、市场、个人、非政府组织进行约束、激励和引导；企业在生态创新制度的激励和引导下，在大学、科研机构和中介组织的协作下，优化组织结构、管理制度，实施生态技术创新，形成企业生态创新文化。区域内的矿产企业在生态创新的驱动下，利用矿产资源禀赋优势带来的财富，通过上下游产业链的延伸或发展非矿产资源产业，逐步摆脱对矿产资源的强依赖性，使企业在增加收益的同时，既取得环境收益又取得社会收益，逐步形成企业的长期竞争优势，进而推动区域的自然生态环境、经济和社会协调、持续发展。

7.3　矿产资源密集型区域可持续发展评价体系与预警

矿产资源密集型区域可持续发展研究的一项重要内容就是进行可持续发展水平的评价及预警研究，它是对矿产资源密集型区域可持续发展系统模型的检验和矿产资源密集型区域可持续发展路径选择的支撑。而这一切的前提就是矿产资源密集型区域可持续发展水平的指标筛选及指标体系的构建。以下内容通过生态创新这一视角来对矿产资源密集型区域可持续发展评价和预警的指标选取与体系的构建进行讲解，以期为矿产资源密集型区域可持续发展的趋势和最终目标进行定量分析和判断，进而为矿产资源密集型区域可持续发展的路径选择提供决策依据。

一、综合评价指标体系的建立

（一）构建目标

基于生态创新的矿产资源密集型区域可持续发展评价体系既要反映出经济、社会和自然生态系统之间的协调程度，也要反映出各创新主体之间的协调状态。也就是说，其要达到如下目标。

（1）能反映出自然生态环境系统的运行状况，主要是矿产资源禀赋及开发利用状况。

（2）能反映出矿产资源密集型区域的环境治理状况和综合反映自然生态环境可持续发展能力状况。

（3）能反映出社会系统的运行状况。

（4）能反映出矿产资源密集型区域技术进步对社会发展的影响。

（5）能反映出矿产资源密集型区域的产业结构状况。

（6）能反映出生态创新的活力和未来的发展潜力。

（7）能反映出政府及企业等的生态创新活力。

（8）能反映出政府在生态创新和建设方面的进展及投入情况。

（二）构建原则

对区域可持续发展进行评价是一项复杂的工作，尤其是对矿产资源密集型区域这一特定区域，要对其进行全面、合理和系统的评价，关键是科学选取指标。为此，须遵循的原则如下。

(1) 科学性原则。

在构建指标体系过程中，各指标遵循矿产资源密集型区域的经济规律和生态规律，所选指标应既能科学地反映该区域的本质特征，又可以通过观察、测试等科学方法和手段对其进行定性或定量的评价。

(2) 系统性原则。

在构建指标体系过程中，要坚持全局意识、整体观念，即要把矿产资源密集型区域视为一个多种因素相互作用、相互制约的系统，该系统是由经济、社会、资源、环境等多种要素构成的综合体。仅利用单一的子系统进行分析和评价，得出的结果既可能不全面，还可能是不正确的。

(3) 层次性原则。

在构建的指标体系中，各指标本身就具有多重性的特征，因此对其评价是多层次、多因素综合影响和作用的结果。为保证指标体系的全面性、科学性，在指标的选取方面应从整体层次上来把握可持续发展目标的协调性。

(4) 区域性原则。

矿产资源密集型区域的区域性很明显，这种差异很大程度上决定了各区域可持续发展的评价指标体系不同，因此指标体系应包含反映这种区域特色的指标。

(5) 动态性原则。

矿产资源密集型区域的生态系统是一种地域性很强且动态发展的系统，对其可持续发展的评价是一个涉及多因素、复杂多变的随机系统评价。由于影响该区域可持续发展的因素始终随时间及周围条件的变化而变化，因此指标体系应反映出其动态性的特点。

(6) 突出生态创新原则。

生态创新的本质是以促进环境收益为目的、促进可持续发展为目标的系统创新。目前虽有部分学者对矿产资源密集型区域的可持续发展评价体

系进行了构建，但不是基于生态创新的视角，评价指标体系中缺乏与生态创新能力建设和自然生态环境可持续发展能力相关的指标。故此，笔者在构建指标体系时，在借鉴前人研究成果的基础上，添加部分能够反映区域创新能力和自然生态环境价值的指标。

二、评价指标选取方法

（一）初选方法

对矿产资源密集型区域可持续发展评价的第一步就是初选指标。科学、全面地选取指标，既是评价工作的前提和基础，也是评价工作的关键步骤。目前，学界常用的初选方法有六种，即目标法、范围法、问题法、部门法、复合法和因果法。目标法是根据研究对象的目标，在目标下建立一个或数个指标；范围法是在对评价对象的主要内容进行分类的基础上，再确定各类的指标；问题法则指从评价对象的主要问题出发来选取指标；部门法是将评价对象按照各个部门进行分类后再进行评价；复合法是指为了突出上述方法的优点和克服其缺点，综合运用上述两种或两种以上选取方法；因果法是指将导致评价对象的种种结果的原因进行分析，进而构建指标体系。这些方法各有优点和不足。在选取指标时，应根据实际需要，选择不同的方法。

作为由自然生态环境系统、社会系统和经济系统构成的复合系统，矿产资源密集型区域可持续发展评价体系是服务于矿产资源密集型区域可持续发展内容和发展目标的。因此，矿产资源密集型区域可持续发展指标体系的评价指标初选应该从可持续发展研究目标角度出发，结合上述方法的适用性和优缺点，综合运用上述六种方法选取评价指标。

（二）筛选方法

在构建指标体系的过程中，经过初选的指标可能会存在以下两种情况：一是选取的部分指标对可持续发展评价所起的作用相对较小；二是部分指标之间可能存在着交叉和重复。因此，需要运用一定的方法和手段，对初选的指标进行筛选，以剔除关联度较大或对可持续发展评价目标意义不大的指标，最终构建出一个科学的、较为全面的评价指标体系。目前，学界常用的筛选方法有专家经验法、主成分分析法和两两比较法三种。

1. 专家经验法

专家经验法是一种常用的指标筛选方法，指根据相关专家的经验对相关指标进行筛选。矿产资源密集型区域可持续发展研究本身就是一项复杂的工程，对理论性和实践性的要求都比较高。在具体筛选时，先在相关理论分析的基础上，将初选指标中不符合矿产资源密集型区域可持续发展相关理论的指标剔除；然后通过查阅文献资料，在对前人所采用的评价指标进行归纳和总结的基础上，结合矿产资源密集型区域的实际情况，剔除那些使用频率低且不符合研究区域实际的指标。而那些对可持续发展比较敏感的指标，需借助专家的经验辅助确定。

2. 主成分分析法

主成分分析法是指将多个变量通过线性变换，将多指标问题化为少数几个综合指标的一种多元统计分析方法。经过主成分分析法确定的指标之间互不相关且可以承载足够多的信息，这样就可以更好地和更全面地反映区域可持续发展状况。

3. 两两比较法

两两比较法又称配对比较法，是指将所进行评价的指标列在一起，通过构造比较矩阵来对指标的重要性进行比较，经过两两比较剔除不重要的指标的方法。

在实际评价过程中，根据需要可以单独使用专家经验法、主成分分析法和两两比较法中的某一种，也可以同时使用这三种方法。指标筛选越科学，评价结果的可靠性和合理性就越强，也就越令人信服。

三、综合评价指标体系确立

（一）确立过程

根据上述总体目标和构建原则，在借鉴国内外学者相关研究的基础上，结合矿产资源密集型区域的实际，依据所收集的相关数据资料与调查情况，

综合运用范围法、目标法、问题法、因果法等初选方法，并通过专家经验法等方法对指标进行筛选，最终构建一个能够测度、分析与评价矿产资源密集型区域可持续发展状况与能力的指标体系。

1. 综合分析

根据上述指标体系构建原则，结合矿产资源密集型区域的实际情况，综合运用范围法、目标法、问题法、因果法等多种方法对矿产资源密集型区域可持续发展的影响因素、程度及作用机理进行全面的综合分析，以达到全方位考虑问题和防止遗漏重要指标的目的。

2. 分类列表

根据矿产资源密集型区域可持续发展研究内容，采用列表清单法将能够影响自然生态环境子系统、社会子系统、经济子系统的因子（指标）分别列于同一张表格的列与行，经过对其进行识别和条理化后确定初选指标列表。

3. 指标筛选

根据初选的矿产资源密集型区域可持续发展影响因子列表，综合运用专家经验法、主成分分析法和两两比较法三种方法，最终确定能够科学地、全面地反映矿产资源密集型区域可持续发展的评价体系。

（二）指标体系确立

根据上述流程和方法确定矿产资源密集型区域可持续发展指标体系，该体系由目标层、准则层、指标层三级构成，包含34个指标，这些指标分别反映了矿产资源密集型区域的自然生态、社会和经济状况。

（三）指标体系的内容和指标的意义

1. 自然生态环境子系统

作为矿产资源密集型区域可持续发展的基础和约束条件，自然生态环境子系统的作用主要是保证区域生态系统功能能够得到正常发挥、内部结构合理和稳定以及具备自我维持与自我调节的恢复能力。具体指标包括反映矿产资源禀赋及开发利用状况的矿产资源禀赋系数和矿产资源储采比；

反映矿产资源生态环境状况的区域水域功能区水质达标率、区域环境噪声、绿化覆盖率和空气质量指数;反映区域环境治理状况的生活污水集中处理率、工业固体废弃物综合利用率、生活垃圾无害化处理率;综合反映自然生态环境可持续能力的生态服务功能价值。各指标的生态含义如下。

(1) n_1:矿产资源禀赋系数。

矿产资源禀赋系数是国际上常用的一种能够比较准确地反映一个地区某种资源相对丰富程度的计算指标。计算样本为某区域内各种资源占全国资源的比重与该地区 GDP 占全国 GDP 总量的比重之比,得出的最终数值称作矿产资源禀赋系数。该指标是反映矿产资源密集型区域可持续发展和自然生态环境状况的基础指标。

即其计算公式是:

$$\mathrm{EF} = (E_i/Ew_i)/(Y/Yw)$$

式中,EF 表示矿产资源禀赋系数;E_i 表示某一区域拥有的 i 资源;Ew_i 表示整个国家拥有的 i 资源;Y 表示某一区域的 GDP;Yw 表示全国 GDP 总量。

如果 $\mathrm{EF}>1$,则某一区域拥有的资源 i 在赫-俄模型(H-O 模型)的意义上是丰富的,具有比较优势。

如果 $\mathrm{EF}<1$,则某一区域拥有的资源 i 在赫-俄模型(H-O 模型)的意义上是短缺的,不具有比较优势。

(2) n_2:矿产资源储采比。

作为衡量后备资源情况的重要指标,矿产资源储采比是用年末剩余储量与当年产量之比来表示的,储采比也可按保有地质储量计算。下面借鉴周德群、吴永勤的计算方法,采用保有地质储量与当年产量之比表示矿产资源储采比。储采比越大,在同样的开采规模下,矿山服务年限越长。该指标是反映矿产资源密集型区域资源可持续性的指标。

(3) n_3:区域水域功能区水质达标率。

区域水域功能区水质达标率是评价区域水环境状况的重要指标。该指标是区域水资源管理的重要依据,其取值介于 0～1 之间,水质达标率越高,说明该区域维护河流生态系统健康和保障水资源可持续利用的程度越高,反之,就越低。

(4) n_4:区域环境噪声。

该指标是反映区域可持续发展的环境指标之一,是指将区域以一定的标准分成一定数量的网格,分别对这些网格进行监测,并计算噪声值。

(5) n_5:绿化覆盖率。

该指标反映区域绿化水平。一个区域的绿化覆盖率高意味着其自然生态环境的可持续能力较强。绿化覆盖率用区域建成区绿化覆盖面积与建成区面积之比来表示,指标取值介于 0～1 之间,取值越大,表明区域自然生态环境的可持续能力越强。

(6) n_6:空气质量指数。

空气质量指数(air quality index,AQI)是一种用来评价大气环境质量状况的指标,计算步骤如下。

①对照各项污染物的分级浓度限值[AQI 的浓度限值参照《环境空气质量标准》(GB 3095—2012)],以细颗粒物($PM_{2.5}$)等几项污染物的实测浓度值(其中 $PM_{2.5}$、PM_{10} 为 24 小时平均浓度)为依据分别计算各项目的空气质量分指数(individual air quality index,IAQI)。其计算公式为:

$$\mathrm{IAQI}_P=\frac{\mathrm{IAQI}_{\mathrm{Hi}}-\mathrm{IAQI}_{\mathrm{Lo}}}{\mathrm{BP}_{\mathrm{Hi}}-\mathrm{BP}_{\mathrm{Lo}}}(C_P-\mathrm{BP}_{\mathrm{Lo}})+\mathrm{IAQI}_{\mathrm{Lo}}$$

式中,IAQI_P 代表污染物项目 P 的空气质量分指数;C_P 代表污染物项目 P 的质量浓度值;$\mathrm{BP}_{\mathrm{Hi}}$代表各项污染物的分级浓度限值中的最高位值;$\mathrm{BP}_{\mathrm{Lo}}$代表各项污染物的分级浓度限值中的最低位值;$\mathrm{IAQI}_{\mathrm{Hi}}$代表各项污染物的分级浓度限值中与 $\mathrm{BP}_{\mathrm{Hi}}$对应的空气质量分指数;$\mathrm{IAQI}_{\mathrm{Lo}}$代表各项污染物的分级浓度限值中与 $\mathrm{BP}_{\mathrm{Lo}}$对应的空气质量分指数。

②确定 AQI。AQI 就是各项污染物的空气质量分指数(IAQI)中的最大值。具体计算公式为:

$$\mathrm{AQI}=\max\{\mathrm{IAQI}_1,\mathrm{IAQI}_2,\mathrm{IAQI}_3,\cdots,\mathrm{IAQI}_n\}$$

式中,IAQI 为空气质量分指数,n 代表污染物项目。

目前 AQI 数据主要以日报和实时报两种方式公布,根据研究需要,以下采用年度数据,即采用年空气质量达标率指标。

(7) n_7:生活污水集中处理率。

因为乡村目前大多没有相对完善的污水处理系统,所以用城市生活污水集中处理率作为指标。城市生活污水集中处理率是指经过城市集中式污水处理厂二级处理达标的城市生活污水量占城市生活污水排放总量的百分比。这个值越大,代表生活污水对区域可持续发展的潜在威胁越小。该指标在一定程度上反映了矿产资源密集型区域可持续发展和环境受益的结果。

(8) n_8:工业固体废弃物综合利用率。

该指标用来反映工业固体废弃物综合利用的资源化水平。比值越大,表明工业固体废弃物对城市的潜在威胁越小。其计算公式为:

$$\text{工业固体废弃物综合利用率}=\frac{\text{各工业企业当年综合利用的工业固体废弃物量}}{\text{当年各工业企业产生的工业废弃物量}}$$

(9) n_9:生活垃圾无害化处理率。

目前乡村对生活垃圾污染问题关注较少,数据的获取较难,故采用城市生活垃圾无害化处理率作为评价指标。该指标数值越大,表明生活垃圾污染问题越小。其计算公式如下:

$$\text{城市生活垃圾无害化处理率}=\frac{\text{经无害化处理的城市生活垃圾数量}}{\text{城市生活垃圾清运总量}}$$

(10) n_{10}:生态服务功能价值。

作为反映区域生态创新能力的综合指标,生态服务是指对人类生存及生活质量有贡献的生态系统产品和生态系统功能,可以利用国内外多位生态学学者通过问卷调查得出的量表以及生态服务价值核算方法,对矿产资源密集型区域的生态服务功能价值进行核算。

2. 社会子系统

矿产资源密集型区域的可持续发展离不开完善的公共服务、社会保障和区域的社会文明等。其中人是主体。因此,该子系统包括反映人口因素的人口密度、人口自然增长率;反映基础公共服务设施的每千人拥有卫生机构病床数、人均城市道路面积和移动电话年末用户数;反映居民富裕程度的城镇恩格尔系数和乡村恩格尔系数;反映社会保障的人均保险费用和城镇登记失业率;反映区域生态创新潜力的每百人公共图书馆藏书、万人具有高等学历人数和科研机构 R&D(research and development)人员数;以及综合

反映生态创新的人类社会生态的社会发展指数。各指标的具体生态含义如下。

(1) s_1:人口密度。

人口密度作为反映区域人口密集程度的指标,通常以每平方千米或每公顷内的常住人口来表示。该指标数值越大,表示该区域的可持续发展压力越大。

(2) s_2:人口自然增长率。

控制人口增长、保护资源是实现区域可持续发展的重要途径。该指标以年为单位计算,用千分比来表示。

(3) s_3:每千人拥有卫生机构病床数。

该指标用于衡量医疗服务的普及度。它反映一个地区的医疗保健发展水平,指标数值越大,表明一个地区医疗服务能力越强。

(4) s_4:人均城市道路面积。

该指标是用城市道路的面积除以该城市的人口数计算得出的。它不仅能够反映城市公共交通发展水平和交通结构状况,而且还能反映城市居民出行的方便程度和道路的总体交通负荷程度。该指标值越大,表明区域的社会发展水平越高,城镇化的水平越高,区域的社会发展就相应呈现出可持续性。

(5) s_5:移动电话年末用户数。

该指标用来反映一个地区的基础设施和现代化技术普及程度。该指标值越大,表明区域的社会发展水平越高,区域可持续发展程度也就越高。

(6) s_6 城镇恩格尔系数和 s_7 乡村恩格尔系数。

恩格尔系数的计算公式为:

恩格尔系数=食物支出总额/家庭消费支出总额

该系数越小,表明区域消费需求越合理,区域可持续发展程度就越高。

(7) s_8:人均保险费用。

人均保险费用是根据一个地区的常住人口数量计算出的指标。该指标反映该地区国民参加保险的程度,指标值越高,表明区域的社会发展水平越高,人们的生活质量也就越高,进而对可持续发展的要求也就越高。

(8) s_9：城镇登记失业率。

根据目前对城镇登记失业率相关概念的界定，它是用城镇登记失业人数/(城镇从业人数＋城镇登记失业人数)来表示的。城镇登记失业率越低，就表明这个地区的社会发展水平越高，其可持续发展水平就越高。

(9) s_{10}：每百人公共图书馆藏书。

该指标是用区域内图书馆藏书总量除以该区域常住人口总数得出的。一方面可以大致反映出区域居民进行休闲阅读的状况；另一方面可以反映一个区域总体的文化氛围和区域生态创新的潜力。

(10) s_{11}：万人具有高等学历人数。

该指标是根据地方常住人口计算的，是指平均每一万人中已拥有大专或大专以上学历的人数，它是反映区域高等教育发展规模的重要依据。该指标值越小，表明区域的科技创新和发展越缺乏后劲。

(11) s_{12}：科研机构 R&D 人员数。

该指标是指参加 R&D 项目的人员以及 R&D 项目的管理人员和直接服务人员数量。该指标反映区域的可持续发展创新潜力。

(12) s_{13}：社会发展指数。

它是用来反映人类社会发展水平的综合指标，通常用人类发展指数来表示。该指标由联合国开发计划署于 1990 年提出，具体由预期寿命、教育水平和生活质量三个指标构成。

3. 经济子系统

经济子系统主要围绕创新驱动这条主线，通过技术创新等方式来促进矿产资源密集型区域经济结构战略性调整和产业升级，为此选取经济总量、结构指标、生产效率和经济效益指标及生态创新能力方面的指标。具体指标包括反映经济总量和结构的区域经济总量；反映经济结构的资源型产业占工业总产值比重和产业结构系数；反映经济效益和生态效率的资源产出率和单位 GDP 能耗降低率；反映区域生态创新活力的科研投入占 GDP 比重、有效发明专利数、技术改造投入、购买国内技术经费、技术引进投入；综合反映生态创新技术对经济贡献的全要素生产率。

(1) e_1:区域经济总量。

该指标用来反映区域财富,一般用区域的 GDP 来表示。GDP 越高,表明该矿产资源密集型区域可利用的财富越多。

(2) e_2:资源型产业占工业总产值比重。

该指标值越大,说明该区域的工业对优势资源的依赖性越强,该区域的可持续发展能力越弱。

(3) e_3:产业结构系数。

该概念是由暨南大学经济学院的龚唯平、赵今朝提出的,它反映了区域三大产业之间相互作用以及对区域经济体产出的影响。其具体计算公式为:

$$Y = e_3F(X_1, X_2, X_3, A)$$

式中,e_3 为产业结构系数;Y 代表国内生产总值;X_1 代表第一产业的产值;X_2 代表第二产业的产值;X_3 代表第三产业的产值;A 代表制度和技术水平。

作为产业结构变动状态的产业结构系数,影响着整个生产函数。e_3 的取值为大于 0 的数值;当 $0<e_3<1$ 时,表明产业之间的结构不协调,这就造成资源浪费或者资源利用不充分,进而导致一、二、三产业间整体协作能力不强。当 $e_3>1$ 时,则表明产业之间的结构协调,一、二、三产业间的比例契合区域经济发展的需要。当 $e_3=1$ 时,表明三大产业之间的协调性就像点与线的关系,很难进行捕捉与验证。

(4) e_4:资源产出率。

资源产出率是指主要物质资源实物量的单位投入所产出的经济量,其内涵是经济活动使用自然资源的效率。该项指标越高,表明自然资源利用效益越好。具体计算公式为:

$$资源产出率=\frac{地区生产总值(亿元)}{资源消耗量(万吨)}$$

(5) e_5:单位 GDP 能耗降低率。

该指标是评价可持续发展能力和考核资源利用效率的重要指标。其计算方法为:

$$单位 GDP 能耗降低率(\%)=\left(\frac{本年单位 GDP 能耗}{上年单位 GDP 能耗}-1\right)\times 100\%$$

推导公式为:

$$单位 GDP 能耗降低率(\%)=\left(\frac{本年能耗消费总量增长指数}{本年 GDP 增长指数}-1\right)\times 100\%$$

(6) e_6:科研投入占 GDP 比重。

它是用一个国家或地区用于研究和试验的经费占 GDP 的比重来表示的。它既反映一个国家或地区的科技活动规模及科技投入强度,也反映一个国家或地区的全社会科技投入和创新情况、经济增长的潜力和可持续发展能力。

(7) e_7:有效发明专利数。

该指标主要用来反映技术对经济发展的促进作用,它从一定层面反映了一个区域的生态创新活力。

(8) e_8 技术改造投入、e_9 购买国内技术经费和 e_{10} 技术引进投入。

技术改造投入、购买国内技术经费、技术引进投入这三个指标反映了一个区域重视创新的程度和区域创新的活力,它是区域自主创新能力和综合竞争力以及可持续发展能力的重要标志。

(9) e_{11}:全要素生产率。

全要素生产率也称综合要素生产率,该指标主要是用来判断创新对矿产资源密集型区域可持续发展经济子系统的贡献。

四、矿产资源密集型区域可持续发展的预警

(一) 矿产资源密集型区域可持续发展的预警概述

1. 矿产资源密集型区域可持续发展的预警概念

预警(early warning)的概念最先应用于军事领域,当时的含义主要是借助雷达、卫星或飞机侦察等手段,预先发现或判断分析对方可能的进攻意图,并将其划分为不同的威胁等级及时报告给相应的主管部门,使之提前做好预防准备。预警现在多指依据已发现的规律对某个系统要素未来的发展情况进行预测,判断可能出现的危险程度,向相应的责任主管部门发出紧急

信号，以避免灾难突发引发重大损失。近年来预警的概念被多个学科领域采用。

矿产资源密集型区域可持续发展的预警是通过分析系统中各个指标值是处于有警情状态，还是处于无警情状态，以及处于有警情状态时警情的严重程度，来预测将来区域可持续发展的等级，并根据发展等级采用相应的补救措施，以保证矿产资源密集型区域处于可持续发展状态的活动。

2. 矿产资源密集型区域可持续发展预警的内容

根据矿产资源密集型区域自身的特点，预警系统可分为以下几个方面。

(1) 明确警义。

警义指的是警情出现。警情是指阻碍矿产资源密集型区域可持续发展的情况或不正常现象。警情又包括两个方面的内容，分别是警素和警度，其中构成警情的指标称为警素，而警情的危害等级称为警度。只有明确了警义才能进行矿产资源密集型区域可持续发展预警分析。

(2) 寻找警源。

找到引起警情发生的根源就是寻找警源，只有找到不正常现象发生的根源，才能从根本上排除警患。

(3) 警兆识别。

一般来说，矿产资源密集型区域可持续发展中不正常现象发生前会出现一定的征兆，分析研究这些征兆能得到一些预警指标，分析这些预警指标对整个预警过程有很大的参考价值。不同的指标元素出现不正常现象前的征兆不同，即使相同的指标元素在不同时间、空间条件刺激下可能出现的征兆也不同，因此在分析这些征兆前要具体问题具体分析。

(4) 预报警度。

预报警度是根据研究对象的实际情况对预警系统设置一个合理的警限，来表明影响矿产资源密集型区域可持续发展指标是否已经出现妨碍可持续发展的情况及妨碍的严重程度。可在矿产资源密集型区域可持续发展研究中将警度分为无警、轻警、中警、重警和巨警五个等级，以便管理部门及时采取相应的管理手段和措施。

(5) 排除警患。

进行预警研究的目的是通过对警患进行排查和预防,使矿产资源密集型区域能够可持续发展。

3. 矿产资源密集型区域可持续发展预警系统的功能

矿产资源密集型区域可持续发展预警系统主要有以下几个方面的功能。

(1) 预见功能。

通过科学客观地分析矿产资源密集型区域可持续发展预警影响因素中某些重要指标并对这些指标进行科学预报,得出一些关键决定性指标,在一定程度上能够预见矿产资源密集型区域可持续发展出现问题的警兆。

(2) 监测评估功能。

该功能是指根据矿产资源密集型区域可持续发展预警体系各指标动态变化情况,及时跟踪观测矿产资源密集型区域的可持续发展状况。一般而言,通过采用一定的模型和方法对监测到的矿产资源密集型区域可持续发展预警指标进行量化计算,可以非常有效地对矿产资源密集型区域可持续发展的总体状况和警情危险程度做出明确的评估。通常情况下,只需监测那些有决定性作用的指标便可以反映矿产资源密集型区域可持续发展的基本状况。

(3) 防范功能。

影响矿产资源密集型区域可持续发展的因素有很多,没有特定的发展规律可循,只能监测现有的矿产资源密集型区域可持续发展状况,获取其对未来发展形势有利的信息,再预先报告矿产资源密集型区域可持续发展系统中出现的不正常现象,向有关部门发布有用的警报信号,方便这些部门制定有效的预防方法,以避免由于对未来发展情况预估不明而造成重大损失,确保矿产资源密集型区域处于一种可持续发展的状态。

此外,矿产资源密集型区域可持续发展预警还具有为区域建设规划和管理提供科学依据和解决问题的方案的功能。

4. 矿产资源密集型区域可持续发展预警流程

矿产资源密集型区域可持续发展预警的过程极其复杂。首先,在收集

和整理矿产资源密集型区域可持续发展影响因素时间序列数据的基础上，结合矿产资源密集型区域可持续发展预警研究的目标、分析原则和特征，筛选出合适的预警指标，建立矿产资源密集型区域可持续发展评价指标体系，进而对各指标进行预测，为矿产资源密集型区域可持续发展预警做数据准备；其次，建立警情评价模型，对预警指标值进行分析，得出矿产资源密集型区域可持续发展指标值的警情等级，即警度；最后，根据等级不同对矿产资源密集型区域可持续发展的趋势进行警情分析、诊断及预报。

（二）矿产资源密集型区域可持续发展的预警体系构建及警限确定

1. 预警指标体系的建立

矿产资源密集型区域可持续发展预警的重要步骤就是筛选预警指标，根据预警指标建立相应的指标体系。可持续发展预警指标体系可采用矿产资源密集型区域可持续发展综合评价指标体系。

2. 预警指标警限的确定

警限是指某项指标有警情和无警情之间的临界值。然而，区域可持续发展是动态的多层次、多指标要素和多功能的系统，并且有无警情的界限本身很难界定，因此，确定的矿产资源密集型区域可持续发展预警的警限，既要反映可持续发展受影响的范围和程度，又要具有一定的先进性和超前性，不同的指标所适用的科学研究方法不同，就需要具体问题具体分析来确定指标的警限。除此之外，指标的警限也是一个随着条件的变化而动态发展变化的值，因此某个阶段的警限只能作为这个阶段的参考值。

目前，普遍采用的警限确定办法有相对确定法和绝对确定法这两大类。

(1) 相对确定法是指用数学方法处理初始指标值，包括系统化方法和突变论方法等。结合研究的实际，学界通常采用系统化方法。下面重点介绍系统化方法。

系统化方法结合实际情况，在遵循一定规律、原则的基础上对初始指标值进行数学定性分析，并得出符合实际的合理结论。系统化方法需要遵循的原则如下。

①多数原则。近年来区域可持续发展引起了社会的广泛关注，也可以说之前的生态状况相对良好，影响可持续发展的预警指标基本上处于安全无警的状态，据此可以将初始指标值按照由小到大的顺序排列，选择总体数据从前到后约 2/3 处的数据区间作为有警情和无警情的临界值。

②半数原则或中数原则。半数原则或中数原则同多数原则的概念类似，多数原则选择前 1/3 的数据作为有警情的区间，而半数原则认为后一半的数据为有警情区间，前一半数据属于安全无警情区间，也就是将中间数值作为警情界限。

③均数原则。均数原则将以往的平均水平作为警情界限，若预警指标偏离这个平均水平，则意味着可能有警情存在。

④少数原则。少数原则指的是以公认的区域可持续发展状况比较好的年份作为预警指标的无警情临界值。

⑤众数原则。众数原则是以可持续发展良好的其他区域一定时期内的平均水平值为安全无警情临界值，如果所研究的区域达不到这个界限值，说明其可持续发展水平存在安全隐患，可能有警情发生。

⑥负数原则。定义预警指标值为零和负增长的情况都是有警情的警限，并对警限划分等级。

(2) 绝对确定法是依据已有的法规、标准来界定指标的警限，这些标准可以是国家标准和国际标准，也可以是某个特定行业的标准和地方的标准。

矿产资源密集型区域可持续发展预警系统中指标繁多、数据量大，某些指标的警限临界值不存在绝对的参考值，然而这些指标对区域可持续发展预警具有实质性的意义，有必要对其进行深入研究。

7.4　矿产资源密集型区域可持续发展的路径选择

一、矿产资源密集型区域可持续发展的社会路径

（一）加强生态创新制度建设

社会制度有正式制度和非正式制度两种。正式制度，是指以某种明确的形式确定的一些行为规范，这些行为规范由行为人所在的组织进行监督或用强制力保证实施，包括各种法律、法规、规章、政策、契约等。非正式制度，是指在人类社会不断发展的过程中逐渐形成的并被社会上大多数人认可并遵守的行为规范，主要包括人们的价值观、财富观、道德观、思想意识形态、文化传统等。非正式制度和正式制度相比具有自发性、广泛性、持续性的特点。非正式制度为正式制度的形成提供了基础，非正式制度在与正式制度不断的冲突、磨合中可以逐渐演化为正式制度的一部分。

非正式制度因具备持续性的特点很难做到迅速变迁，它往往要靠人与人之间长时期的相互学习或者模仿才能形成。矿产资源密集型区域应结合区域内污染严重、污染源多、生态损害严重的特点，加强对公众的生态创新宣传教育，利用电视、广播、报刊、网络等多种媒介和多种方式进行广泛宣传，积极倡导生态消费，促进和培养区域内公民的环境保护参与意识，提高公民的生态道德素质，改变公众传统的消费观、价值观、财富观、伦理观和生活方式，树立与环境相协调的公众道德观念和生活习惯，促使公众自觉自愿地形成对自然生态环境有利的生活方式和生态消费方式，通过社会各行业、各社区、各家各户之间形成的物质能量多层次交换网络，使社会走上整体良性循环的轨道，共同营造一个和谐文明的资源节约型和环境友好型社会。

在矿产资源型企业内部，结合行业特点，既要做好全面的生态创新宣传教育活动，普及生态环保知识，又要做好对生态创新技术扩散行为的鼓励和引导，通过典型案例宣传，提高企业所有员工对企业采用生态创新技术的必要性和重要性的认识。引导并增强企业员工的资源忧患意识，把创新技术、科学开发、节约利用、循环使用和加强生态环境保护等生态创新观念变成企业员工的自觉行为。以生态创新教育影响员工，以员工生态创新行为改变矿区，逐步形成生态环保的生活方式、消费方式和技术创新的企业生产方式。通过各种生态创新活动的开展，逐步提高企业管理者和广大员工对生态创新的认识，充分调动员工参与企业生态技术创新的积极性，逐渐形成企业的生态创新文化氛围。

同时，生态创新正式制度的建立（如环境保护法等的出台）会对生态创新非正式制度产生一定的促进作用。一定形式的生态创新制度安排会促使与之相适应的生态创新文化、观念、风俗习惯等非正式制度的形成。生态创新正式制度可以强化人们对自我行为的约束，引导人们树立先进的基于生态创新的价值观、财富观和可持续发展观，不断转变人们的传统观念和思维模式，促进生态创新非正式制度快速发展。

（二）建立健全社会保障体系

利用密集的矿产资源形成的区域财富，建立健全区域的社会保障体系，是矿产资源密集型区域经济发展和社会发展的共同需要。同时，完善的社会保障体系既可以促进社会的稳定和公平，也可以促进经济的生态发展。在矿产资源开发利用过程中、矿产资源产业不断发展中，会发生农民失地、工人失业、矿业人员患职业病和常见病等问题，这些问题都需要依靠社会保障和医疗卫生服务体系来解决。应积极完善城乡居民最低生活保障制度、各种社会保险制度、医疗卫生服务体系、社会救助制度，积极建设社会保障服务设施和社会保障管理服务网络，推动矿产资源密集型区域稳定发展。

（三）加快公共基础设施建设

矿产资源密集型区域的公共基础设施包括乡村公共基础设施、矿区公共基础设施和城市公共基础设施。对于乡村公共基础设施，政府应该加大投入，建立稳定的资金投入机制。对公众急需的、农业发展急需的、有利于乡村长远发展的公共基础设施应该早建、快建。要加强乡村公共基础设施的维护和管理，不能建而不管，建了再建，以免造成资源的极大浪费。对城市的区域功能定位应科学规划，根据规划完善教育、休闲、商贸等公共服务

设施建设，加大城市供水、供气、排污等市政公共设施的建设、改造力度。加快污水处理和大气污染防治等环保项目的建设。加快矿区废弃地的整理和绿化，完善交通运输网络，推动矿城一体化建设，促进城市公共设施向矿区的快速延伸。

（四）加快创新能力建设

区域的创新能力直接决定着该区域的可持续发展能力。要想加快矿产资源密集型区域的创新能力建设，第一，应加大创新资源投入，主要是经费投入和人员投入，如加大教育科技方面的投入，加强创新思维的培训，加快高科技人才的引进和培养；第二，应加强区域创新设施建设，区域创新设施是区域创新的基本条件之一，包括基础设施（如道路交通等）、知识设施（如图书馆、实验室、先进的仪器设备等）和信息设施（如局域网、通信器材等）；第三，应加强以企业为主体的产、学、研合作，政府要提供相应的条件，引导企业、高校之间的深度合作，搭建企业、高等院校和研究机构之间的合作平台，促进高等院校和科研院所创新成果的转化；第四，应加强有利于创新的制度体系建设，重视对创新行为的引导与激励。

二、矿产资源密集型区域可持续发展的经济路径

（一）税收调控

矿产资源密集型区域应通过税收调控，促进矿产资源产业向非矿产业转型。对污染型、高能耗型的产业加重税收，促使其改进技术或者转型发展。对无污染、轻污染、高科技、创新型、服务型产业应减税或免税。利用税收调控政策，实现经济发展与环境保护的协调统一，建立起以节能减排、清洁生产、科技生产为中心的节能环保型工业生产体系。同时，应逐步完善税收-价格调控机制，既为区域的可持续发展提供财力保障，又能反映资源的稀缺程度和供求关系。税收杠杆作用的有效发挥，还能提高资源利用效率，避免资源浪费。税收调控的可持续效应能够促进矿、农之间的协调发展和代际之间资源使用的公平。

（二）产业政策

转变矿业发展模式，发展绿色矿业，要求采用先进的技术和环保的手段

促进矿产资源开采科学、利用高效、矿地和谐，实现经济效益、生态效益、社会效益的统一。依托生态创新，促进矿产资源产业转型，构建多元化产业体系。依靠创新，推进资源产业上下游产业链的延伸，增加矿产品的附加值，推动矿产资源产业向与其相关的非矿产业发展。实施以矿补农、以矿助农，促进区域农业的发展。结合矿产资源产业的发展导向大力发展特色服务业(如工程咨询等)；积极发展与民生相关的其他服务业。依托原有产业，以科技含量、环保水平、吸纳就业能力为标准打造产业集群；依托创新培育替代产业集群。

（三）财政政策

财政政策具有经济调控、收入分配和资源配置的功能。矿产资源产业在为经济社会发展做出资源贡献和财税贡献的同时，也产生了巨大的环境和社会成本，为保证区域的可持续发展，就要想方设法在财政政策上弥补矿产资源开发利用所带来的环境影响和社会影响。第一，大力资助环境保护、生态修复；第二，加大区域内创新资本的投入；第三，向高科技产业倾斜；第四，加大农业相关产业投入；第五，加大社会保障体系投入；第六，加大公共基础设施建设投入。通过实施上述积极的财政政策，增强矿产资源开发地区可持续发展的能力。

三、矿产资源密集型区域可持续发展的资源路径

（一）加强政府调控和矿产资源规划

矿产资源密集型区域实现可持续发展，关键是加强政府对资源市场的宏观调控指导，深化矿产资源管理体制的改革，提高矿产资源规划的科学化水平。应大力培育矿业权市场，规范矿业权出让行为，大力开展矿业权招标、拍卖的试点和推广工作，推行矿产资源勘查与开发利用的公开、公平竞争机制。根据国家资源开发与利用的整体布局，逐步规范区域的矿产资源规划体系，提升其权威性和严肃性，促进矿产资源开发利用的代内公平和代际公平。矿产资源密集型区域的资源规划要通过市场配置和宏观调控相结合，以科学性为基础，实现矿产资源的优化配置和合理利用。要加强矿产资

源规划实施过程中的监督管理，逐步规范相应的管理制度，并对各有关部门执行矿产资源规划的情况进行监督检查和跟踪调查，落实各阶段任务。

(二) 加大矿产资源勘查力度

围绕矿产资源密集型区域开展矿产资源潜力评估、储量利用调查，全面掌握区域内矿产资源的储量和开发潜力。在比较容易成矿的地区，圈定找矿靶区，加大勘查力度，力争发现新的矿产资源储集地。积极实施接替资源找矿项目，寻找可能存在的隐伏矿床，延长矿产资源的开采年限。

(三) 加强生态技术创新

矿产资源密集型区域不可避免地会面临资源的耗竭与浪费难题，为此应加大生态技术创新力度，提高资源利用率。通过生态技术创新，利用较少的资源，创造更大的价值，减少资源消耗，提高矿产品的附加值，增强矿产资源开发利用的可持续性。生态技术创新还能增进开采部门和制造业部门的联系，推动产业部门间的平衡协调发展，增强区域的产业竞争优势。为此，矿产资源密集型区域应依托重大产业的生态技术创新需求，以提升区域主导资源型产业的生态技术创新能力为主导，围绕资源开发，利用上下游产业链，抓好重点技术攻关，形成一批具有自主知识产权的行业重大关键技术，增强企业的市场竞争力和持续发展能力，进而推动区域市场竞争力和持续发展能力的提升。

(四) 完善矿产资源有偿使用制度

完善矿产资源有偿使用制度，用市场手段促进矿产资源的配置公平、合理、高效，保障矿产资源密集型区域的财政收入，促进资源高效开发。矿产资源的有偿使用，可以促使矿产资源企业和消费者节约资源，提高矿产资源的开发使用效率，还能从源头上减少污染物排放，保护生态环境，有利于矿产资源密集型区域的可持续发展。

四、矿产资源密集型区域可持续发展的环境路径

(一) 推行清洁生产

矿产资源密集型区域要实现可持续发展必须推行清洁生产，变传统的

末端治理为源头预防、全程控制，更有效地减少污染、保护环境。要制定一定的激励政策，鼓励企业进行清洁生产，促进使用清洁能源，制定清洁生产目标，加强环境审计。政策上支持清洁生产技术的研发和扩散。在矿产资源产业的采矿、选矿、冶炼等各个环节实行清洁生产，最大限度地减少废弃物的产生。

（二）完善生态补偿机制

矿产资源开发、利用过程不可避免地造成了环境污染和生态破坏，按照“谁开发谁保护，谁破坏谁治理，谁受益谁补偿”的原则，建立生态补偿机制，促进矿产资源密集型区域生态环境的修复治理。根据各矿区的不同开发情况和各矿区生态资源差异性实施有区别的生态补偿政策；完善生态补偿定价机制，科学核定生态环境资源价值，合理确定生态补偿标准；完善生态补偿实施机制，通过不同的补偿方式修复生态环境，对受损者进行补偿；积极探索生态补偿市场机制；优化生态补偿监督机制，包括生态补偿纠偏机制和补偿效果评价机制；完善矿产资源产业生态补偿的相关法律法规，使生态补偿机制的实施有法可依。

（三）加强环境治理

坚持矿产资源的开发和生态环境的保护相互促进，推进矿产资源密集型区域的可持续发展。对新建矿区应做好开发前的环境影响评价工作，预防环境污染和生态破坏，对可能造成生态环境损害不能恢复的项目要禁止；在矿产资源开发阶段应加强环境监理和生态监管，确保防治环境污染、生态破坏的工作以及其他环境保护工作与矿产资源的开发工作同步进行，做好同步恢复治理。加快对区域内已经形成的地质灾害区进行生态修复和环境治理。加强尾矿库闭库后期管理工作。提高环境准入标准，控制矿产资源开发强度，最大限度地减少对自然生态环境的破坏。高度重视因矿产资源开发引起的生态问题，做好修复治理工作。

参考文献

[1] 卢耀如. 地质—生态环境与可持续发展：中国西南及邻近岩溶地区发展途径[M]. 南京：河海大学出版社，2003.

[2] 宋蕾. 矿产资源开发的生态补偿研究[M]. 北京：中国经济出版社，2012.

[3] 李虎杰，易发成，高德政. 非金属矿产地质与勘查评价[M]. 北京：地质出版社，2010.

[4] 张燕. 金属矿产地质学[M]. 北京：冶金工业出版社，2011.

[5] 冯本智，兰心俨，周裕文. 非金属矿产地质学[M]. 北京：地质出版社，2007.

[6] 刘凤祥，王学武，李新仁，等. 固体矿产地质勘查基本方法[M]. 昆明：云南科技出版社，2013.

[7] 王希凯. 地质矿产勘查开发经济关系研究[M]. 北京：地质出版社，2012.

[8] 国土资源部矿产资源储量司. 固体矿产地质勘查规范的新变革[M]. 北京：地质出版社，2003.

[9] 罗梅，徐争启，马代光. 矿产资源勘查与开发概论[M]. 北京：地质出版社，2011.

[10] 伍光英，徐勇. 中国地质矿产工作中长期发展战略与宏观部署研究[M]. 北京：地质出版社，2010.

[11] 李雅莉. 地质矿产勘查系统改革制度设计[M]. 郑州：河南人民出版社，2011.

[12] 郝太平. 基础地质与矿产研究：地质工作实践与创新[M]. 北京：地质出版社，2007.

[13] 张进德，张作辰，刘建伟，等. 我国矿山地质环境调查研究[M]. 北京：地质出版社，2009.

[14] 李先福,尹小鹏,吴燕玲,等.国家矿山公园大冶铁矿地质矿产遗迹特征[M].武汉:中国地质大学出版社,2011.

[15] 刘亚川,沈冰,陈家彪,等.中国西南地区矿产开发与环境地质[M].北京:地质出版社,2008.

[16] 中国地质矿产经济学会青年分会,中国地质调查局发展研究中心.地质工作战略问题研究[M].北京:中国大地出版社,2005.

[17] 张复明,景普秋.矿产开发的资源生态环境补偿机制研究[M].北京:经济科学出版社,2010.

[18] 夏云娇.基于生态文明的矿产资源开发政府管理研究[M].武汉:中国地质大学出版社,2014.

[19] 齐平.生态文明视野下矿产资源开发利用管理研究:以东北地区为例[M].长春:吉林大学出版社,2013.

[20] 都沁军.矿产资源开发环境压力研究[M].北京:北京大学出版社,2012.

[21] 邵安林.矿产资源开发地下采选一体化系统[M].北京:冶金工业出版社,2012.

[22] 吕忠梅.依法治国背景下生态环境法制创新研究[M].武汉:湖北人民出版社,2015.

[23] 王振宇,连家明.矿产资源开发水土流失补偿标准研究——以辽宁为例[M].北京:经济科学出版社,2012.

[24] 付保荣,惠孝娟.生态环境安全与管理[M].北京:化学工业出版社,2005.

[25] 闫军印,赵国志,孙卫东.区域矿产资源开发生态经济系统[M].北京:中国物资出版社,2008.

[26] 徐红燕,林芳,毕孔彰.地学哲学与生态文明建设[M].北京:地质出版社,2014.

[27] 关凤峻.地质灾害防治新机制[M].北京:地质出版社,2012.

[28] 国土资源部科技与国际合作司.地质灾害防治技术方法[M].北京:地质出版社,2014.